“十三五”国家重点图书出版规划项目
中国特色畜禽遗传资源保护与利用丛书

近交系五指山猪

冯书堂　主编

中国农业出版社
北　京

图书在版编目（CIP）数据

近交系五指山猪/冯书堂主编．—北京：中国农业出版社，2020.1
（中国特色畜禽遗传资源保护与利用丛书）
国家出版基金项目
ISBN 978-7-109-26733-6

Ⅰ．①近… Ⅱ．①冯… Ⅲ．①养猪学 Ⅳ．①S828

中国版本图书馆 CIP 数据核字（2020）第 051113 号

内容提要：本书以濒临灭绝的 2 头五指山猪为材料，历经 30 年攻克了“近交衰退”世界性的难题，育出我国首例近交系小型猪，并经异体皮移植和全基因组序列测定鉴定证明育成的科学性和创新性；开展了近交系种质特性、分子遗传基础、器官解剖学、养殖技术、资源保存与利用、兽医卫生防疫等研究；揭示了种质及分子遗传学特异性，即遗传稳定性、内源性反转录病毒无传染性、群体等位基因杂合度为“1”的特异遗传现象，总结了产业化角膜等异种移植产品开发的最新研究成果及潜在利用价值和前景，希望为地方种猪遗传资源深层次的开发利用提供参考。

中国农业出版社出版
地址：北京市朝阳区麦子店街 18 号楼
邮编：100125
责任编辑：周晓艳
版式设计：杨 婧 责任校对：沙凯霖
印刷：北京通州皇家印刷厂
版次：2020 年 1 月第 1 版
印次：2020 年 1 月北京第 1 次印刷
发行：新华书店北京发行所
开本：720mm×960mm 1/16
印张：8.5 插页：2
字数：146 千字
定价：63.00 元

本书编写人员

主　编　冯书堂

副主编　牟玉莲　李　奎　潘志强

编　者　(按姓氏笔画排序)

马玉媛　王太平　冯书堂　庄爱萍　刘　洋
牟玉莲　李　奎　陈春奋　陈楚雄　范　瑞
赵云翔　倪　路　高　倩　章金刚　赖良学
潘志强　戴一凡

审　稿　潘玉春

出版说明

我国是世界上畜禽遗传资源最为丰富的国家之一。多样化的地理生态环境、长期的自然选择和人工选育，造就了众多体型外貌各异、经济性状各具特色的畜禽遗传资源。入选《中国畜禽遗传资源志》的地方畜禽品种达500多个、自主培育品种达100多个，保护、利用好我国畜禽遗传资源是一项宏伟的事业。

国以农为本，农以种为先。习近平总书记高度重视种业的安全与发展问题，曾在多个场合反复强调，“要下决心把民族种业搞上去，抓紧培育具有自主知识产权的优良品种，从源头上保障国家粮食安全”。近年来，我国畜禽遗传资源保护与利用工作加快推进，成效斐然：完成了新中国成立以来第二次全国畜禽遗传资源调查；颁布实施了《中华人民共和国畜牧法》及配套规章；发布了国家级、省级畜禽遗传资源保护名录；资源保护条件能力建设不断提升，支持建设了一大批保种场、保护区和基因库；种质创制推陈出新，培育出一批生产性能优越、市场广泛认可的畜禽新品种和配套系，取得了显著的经济效益和社会效益，为畜牧业发展和农牧民脱贫增收作出了重要贡献。然而，目前我国系统、全面地介绍单一地方畜禽遗传资源的出版物极少，这与我国作为世界畜禽遗传资源大国的地位极不相称，不利于优良地方畜禽遗传资源的合理保护和科学开发利用，也不利于加快推进现代畜禽种业建设。

为普及对畜禽遗传资源保护与开发利用的技术指导，助力做大做强优势特色畜牧产业，抢占种质科技的战略制高点，在农业农村部种业管理司领导下，由全国畜牧总站策划、中国农业出版社出版了这套“中国特色畜禽遗传资源保护与利用丛书”。该丛书立足于全国畜禽遗传资源保护与利用工作的宏观布局，组织以国家畜禽遗传资源委员会专家、各地方畜禽品种保护与利用从业专家为主体的作者队伍，以每个畜禽品种作为独立分册，收集汇编了各品种在管、产、学、研、用等相关行业中积累形成的数据和资料，集中展现了畜禽遗传资源领域最新的科技知识、实践经验、技术进展与成果。该丛书覆盖面广、内容丰富、权威性高、实用性强，既可为加强畜禽遗传资源保护、促进资源开发利用、制定产业发展相关规划等提供科学依据，也可作为广大畜牧从业者、科研教学工作者的作业指导书和参考工具书，学术与实用价值兼备。

丛书编委会

2019 年 12 月

序言

我国是世界畜禽遗传资源大国，具有数量众多、各具特色的畜禽遗传资源。这些丰富的畜禽遗传资源是畜禽育种事业和畜牧业持续健康发展的物质基础，是国家食物安全和经济产业安全的重要保障。

随着经济社会的发展，人们对畜禽遗传资源认识的深入，特色畜禽遗传资源的保护与开发利用日益受到国家重视和全社会关注。切实做好畜禽遗传资源保护与利用，进一步发挥我国特色畜禽遗传资源在育种事业和畜牧业生产中的作用，还需要科学系统的技术支持。

“中国特色畜禽遗传资源保护与利用丛书”是一套系统总结、翔实阐述我国优良畜禽遗传资源的科技著作。丛书选取一批特性突出、研究深入、开发成效明显、对促进地方经济发展意义重大的地方畜禽品种和自主培育品种，以每个品种作为独立分册，系统全面地介绍了品种的历史渊源、特征特性、保种选育、营养需要、饲养管理、疫病防治、利用开发、品牌建设等内容，有些品种还附录了相关标准与技术规范、产业化开发模式等资料。丛书可为大专院校、科研单位和畜牧从业者提供有益学习和参考，对于进一步加强畜禽遗传资源保护，促进资源可持续利用，加快现代畜禽种业建设，助力特色畜牧业发展等都具有重要价值。

中国科学院院士
中国农业大学教授

2019年12月

前言

20 世纪 80 年代，在我国“改革开放、科教兴国”方针的指引下，科技人员利用地方种猪资源优势，积极开展与世界接轨的生命科学研发技术平台的创建工作。“近交系五指山猪”品种培育就是其中一例，先后得到农业部“七五”“八五”“九五”行业重点项目，国家自然科学基金委重点、重大项目，北京市科委科技重大项目，科技部“十五”攻关项目、“863 重点研发专项”“973 重点研发专项”等的资助和支持。

历经 30 年磨难与奋斗，我们最终解决了大型哺乳动物“近交衰退”世界性难题。以 2 头猪为系祖，近亲繁殖育出世界上首个“近交系五指山猪”，授予国家级畜禽遗传资源保种场，并延伸育出具有颠覆性的研究成果“五指山小型猪近交系内源性反转录病毒无传染性新品种”。1999 年、2005 年和 2013 年由农业部组织专家进行了三次成果鉴定，认为“近交系研究成果处于国际同类研究领先水平”。2015 年该成果成功转让 1 200 万元，步入产业化新阶段。2017 年引入相关资本，产品开发应用步入快车道，已成功用于疾病模型、新药鉴定、食品安全品评价等，尤其是角膜、皮肤烧伤等异种移植产品即将完成临床前动物试验。

该成果已获得国内、外发明专利11项，获得神农中华农业科技奖一等奖、中国农业科学院特等奖、中国专利优秀奖、北京市专利一等奖，以及其他部级奖共8项。中央电视台《焦点访谈》中，将该成果作为引领我国科技创新双轮驱动典型范例进行了报道，产生了较大的社会效益和一定的经济效益。

为交流我国特色畜禽遗传资源保护和利用经验，笔者将有关研究数据和资料以《近交系五指山猪》命名发表。本书简要介绍“近交系五指山猪起源、培育过程、鉴定及内源性反转录病毒无传染性新品种”培育技术与利用经验；揭示我国“近交系猪”遗传稳定性、内源性反转录病毒无传染性、群体等位基因杂合度为“1”特异遗传现象与分子遗传基础；总结其产业化“四大”应用优势，以及角膜等异种移植产品开发的最新研究成果和潜在利用价值，希望为地方种猪遗传资源深层次的开发利用起到引领与示范的作用。

该专著是在各级政府资助和关怀下，中国农业科学院北京畜牧兽医研究所、北京盖兰德生物科技有限公司等单位辛勤耕耘的结晶，它的出版凝聚了一代众多学者的智慧和30多年来辛勤耕耘的汗水！

由于水平有限，本书编写难免有不妥之处，敬请读者多提宝贵意见。

编　者

2019年12月

目录

出版说明
序言
前言

第一章 哺乳动物近交系研究进展 /1

第一节 试验用哺乳动物近交系国内外研究进展 /1
一、百年历史培育、传代近千种 /2
二、近交系鼠培育方法 /3
三、创立鉴定标准 /4
四、近交系鼠培育成功率极低且与早期产仔率相关 /4
五、近交系品种繁多，用途广泛 /5
六、近交系鼠命名方法和资源库 /5
第二节 国内外大型哺乳动物近交系猪研究进展 /5

第二章 近交系五指山猪的起源与形成 /7

第一节 五指山猪起源与外貌特性 /7
一、起源与历史形成 /7
二、生态环境与品种特征形成 /9
三、外貌特性 /10
第二节 近交系五指山猪特性研究和异地保种 /10
一、特性研究 /11
二、异地保种 /15

第三章 近交系五指山猪培育 /18

第一节 五指山猪异地保种 /18
一、异地保种 /18
二、五指山猪种质特异性 /19
第二节 小型猪近交系的育成与鉴定 /19

第四章 近交系五指山猪皮肤异体移植鉴定技术 /22

第一节 异体皮肤移植排斥反应的研究进展 /22

一、皮肤移植免疫机理研究 /22

二、皮肤移植后细胞因子变化规律的研究 /23

三、皮肤移植排斥反应时间的研究 /24

第二节 近交系五指山猪皮肤自体和异体移植鉴定 /25

第五章 近交系五指山猪遗传特异性分子基础 /27

第一节 近交系五指山猪基因组序列分析与鉴定 /27

第二节 近交系五指山猪分子遗传基础研究 /28

第六章 近交系五指山猪内源性逆转录病毒研究与无传染性群体筛选 /31

第一节 国内外小型猪内源性逆转录病毒研究进展 /31

一、内源性逆转录病毒的研究取得的重要进展 /31

二、国内不同品系小型猪内源性逆转录病毒特异性研究 /32

第二节 近交系五指山猪内源性逆转录病毒无传染性的筛选与鉴定结果 /34

第三节 近交系五指山猪内源性逆转录病毒无传染性分子遗传鉴定及种群培育 /35

第七章 近交系五指山猪器官解剖学数据测定 /37

第一节 近交系五指山猪消化呼吸系统 /37

一、咽 /37

二、食管 /38

三、胃 /38

四、小肠 /38

五、大肠　/38
六、肝脏　/39
七、胰　/39
八、气管和支气管　/40
九、肺　/40
第二节　近交系五指山猪泌尿系统　/41
一、肾脏　/41
二、输尿管　/42
三、膀胱　/42
第三节　近交系五指山猪公猪生殖系统　/43
一、睾丸　/43
二、附睾　/43
三、输精管和精索　/43
四、阴囊　/43
五、副性腺　/44
六、阴茎和包皮　/44
第四节　近交系五指山猪母猪生殖系统　/44
一、卵巢　/44
二、输卵管　/45
三、子宫　/45
四、阴道、阴道前庭和阴门　/46
五、乳房　/46
第五节　近交系五指山猪心脏　/46
一、心脏的位置和形态　/46
二、心脏构造　/47
三、心包　/47
第六节　近交系五指山猪免疫系统　/47
一、胸腺　/47
二、脾　/48
三、淋巴结　/48
第七节　近交系五指山猪内分泌系统　/49
一、垂体　/49
二、松果体　/49

三、甲状腺和甲状旁腺 /49
四、肾上腺 /50
第八节 近交系五指山猪神经系统 /50
一、脑 /50
二、小脑 /50
第九节 近交系五指山猪血管 /51
一、升主动脉 /51
二、降主动脉 /51
三、腹主动脉 /51
四、髂总动脉 /51
五、头壁干动脉 /51
六、颈总动脉 /51
七、肺动脉 /52
八、冠状动脉前降支 /52
九、右冠状动脉 /52
十、主动脉弓 /52

第八章 近交系五指山猪品种遗传资源的保存 /53

第一节 品种遗传资源保存思路与措施 /53
一、加大新资源、新产品研发和开发力度 /53
二、建立具有净化屏障系统及清洁级微生物检测标准的猪舍进行繁育生产 /54
三、遗传资源保存 /54
四、建立完整的近交系谱 /55
第二节 近交系五指山猪保种场养殖技术及管理 /57
一、种猪选育与繁殖 /57
二、常规饲养规范 /60
三、清洁、消毒及防疫 /61
第三节 近交系五指山小型猪主要疾病防治 /64
一、常见疾病防治 /64
二、免疫接种 /75

第九章　近交系五指山猪资源开发品牌建设 /78

第一节　近交系五指山猪动物模型研究与利用 /78
一、用于动物疾病模型研究 /78
二、是开胸、开腹大手术及器官移植的理想供体与材料 /79
三、建立多项体细胞干细胞应用平台 /79
四、是哺乳动物遗传结构基因组学与功能学研究的最佳材料 /79
五、获得转 *PCSK9* 基因的近交系五指山猪及表型数据 /80
六、获得 2 型糖尿病动物模型 /80
七、应用前景广阔 /81
第二节　近交系五指山猪角膜应用研发 /82
一、异种角膜移植研究进展与现实意义 /82
二、近交系猪角膜 DSAEK 植片移植技术 /84
三、PERV 无传染性近交系五指山猪角膜异种移植临床应用展望 /86
第三节　近交系五指山猪 *GGTA1*/*β4GalNT2* 基因双敲克隆猪的培育 /87
一、异种移植研究进展 /88
二、研究材料与方法 /89
三、研究结果 /92
四、结果分析与讨论 /94
第四节　近交系试验用小型猪的重要使用技术 /96
一、近交系五指山猪 SPF/DPF 净化培育技术 /96
二、近交系五指山猪股动脉隐动脉采血技术研究 /97
三、近交系五指山猪胰岛细胞采集技术 /98

参考文献 /100

第一章 哺乳动物近交系研究进展

第一节 试验用哺乳动物近交系国内外研究进展

21世纪是生物技术大发展、竞争日益激烈的新时代，资源更是竞争的核心。驱动资源创新已列为当代世界各国首要实现的任务和目标，动物种质资源创新是其主要内容之一。近年来我出巨资开展转基因动物专项研究，将小鼠、猪等列入“863”“973”等项目，足以彰显我国对动物资源创新的高度重视。《科研条件发展“十二五”专项规划》明确指出，实验动物是科研条件的重要研究内容，实验动物的创新不仅是科技创新的重要组成部分，也是推动相关科技创新的基础和先导。

自Clarence C. Little于1909年研究小鼠毛色基因，通过全同胞交配的方法建立第一只近交系鼠以来，目前已培育出很多近交系鼠、兔、鸡、猪等动物。由于近交系动物遗传稳定、反应灵敏、生物学特性一致性好，因此已广泛应用于生命科学等众多领域，如单克隆抗体制备等，并由此创建了多项具有划时代意义的理论学说，带来了年收益达上亿元的生物医药价值（Beck等，2000），近交系动物已成为解决人类疑难病症和生命基础科学领域研究中不可或缺的技术平台之一。近50年来我国在大型哺乳动物近交系猪资源创新研究中取得了突破性进展，在国外已产生了较大的影响，美国、日本、以色列、德国、韩国等纷纷要求合作研究或引种。其主要原因是近交系是特殊的动物遗传资源，具有很高的使用价值和研究意义，近代生命科学诺贝尔奖获得者的研究成果，几乎所有的试验均是在近交系动物模型上完成的（Beck，2000）。

一、百年历史培育、传代近千种

近交系鼠有着广阔的开发利用前景，目前世界上已培育出不同类型的近交系鼠达450多种，最高的近交系鼠已繁殖到210多代。1985年，美国NIH（National Institutes of Health）饲养繁殖的BALB/c小鼠近交系已传至第180代（Moy等，2007）。日本国立肿瘤研究所饲养繁殖的C57BL/6J小鼠是应用最广泛的近交系小鼠之一，具有易饲养、寿命长，对肿瘤易感性低，对膳食诱导的肥胖、2型糖尿病、动脉粥样硬化高度敏感，饲以高脂饲料可出现肥胖、高血糖和低胰岛素血症，但对肾脏功能无影响等特点（Noonan和Books，2000），并且提供了第一个高质量的小鼠基因图谱分析数据，该品系被广泛用于心血管疾病、糖尿病、肥胖及发育生物学等研究（霍金龙等，2003；刘秀英，2008）。由BALB/c小鼠近交系研制自闭症的动物模型（Moy等，2007）可作为复制人类的疾病模型（张洪和鲍波，2010），近交系小鼠C57BL/6和DBA/2也可以作为异体骨移植研究的动物模型（杨维东等，1994）。

此外，Jacob等（1995）建立了第一只近交系大鼠PA；1939年，德国开始实施近交系鸡群培育计划（Stone，1975）。有关近交系兔的培育研究开展亦较早，日本JWY-NIBS近交系兔品系始于1964年4月，1981年6月培育成功。NWY-NIBS兔（新西兰白兔品系Ⅲ）近交系品系始于1967年11月，1982年7月获得近交系第20代（Yazawa等，1986）。现有文献报道采用全同胞交配繁殖豚鼠，到20世纪初已近交30个世代（Wright，1960；霍金龙，2003）。

中国不仅是世界上开展近交系鼠研究较早的国家之一，而且培育出了多种近交系小鼠并具有特定的研究应用价值。例如，615近交系小鼠是利用昆明白小鼠和引进的C57BL黑色近交系小鼠培育而成，早在1982年就已经培育了20年（57代），并按培育的年月命名为615近交系小鼠（中国医学科学院血液学研究所，1984）。培育的可移植性小鼠白血病模型（L615），自1966年初建立以来已传近百代，该模型不仅适用于癌症的基础研究，而且也适用于筛选新抗癌药物。

中国医学科学院/中国协和医科大学放射医学研究所自1990年起已培育出耐辐射损伤IRM-2纯系小鼠，该小鼠成为最佳辐射抗性动物模型之一，广泛应用于辐射生物效应机理的研究，如DNA损伤和修复、基因突变及其癌病发生过程中的作用、荷瘤动物放射治疗等。纯系IRM-2纯系小鼠已具备接受同种肿瘤移植和异种种瘤移植的双重性，是研究不同肿瘤放疗及药理的理想动物模型（王月英等，2003）。

与Wistar大鼠相比，河北医科大学实验动物中心培育的近交系HFJ大鼠具有对高甘油三酯和高胆固醇饲料诱导成因的特性，而对胰岛素抵抗、脂肪肝、动脉粥样硬化和2型糖尿病等疾病具有高度敏感性，常出现血脂异常（郑龙，2010）。目前，已成功建立了HFJ大鼠的脂肪肝胰岛素抵抗动物模型。

近年来，随着生物技术的飞速发展和攻克人类生命科学难题的需求，一大批转基因近交系新品系问世。据不完全统计，目前国际上自发性突变鼠、放射或ENUM诱导突变鼠、通过同源重组的基因敲除突变鼠和通过基因捕获的插入突变的模型鼠已达万种，仅南京国家小鼠资源中心通过引进、基因修饰、转基因克隆等培育的就有百余种，且均具有重要的利用价值。1973年，我国由日本引进C57BL/6J，1985年从美国NIH引进BALB/c小鼠，此后又相继引进DBA/2、129、FVB、129/ter、C3H、IRM-2、HFJ等品系，均具有重要研究价值。例如，我国引进的SMMC/B近交系小鼠可作为人类减压病发病机理、防治研究等方面的试验工具；引进的BALB/c小鼠是一个常用的近交系小鼠品系，成为研究自闭症的动物模型，也可以创建人类的一些身心疾病模型；近交系小鼠C57BL/6也可以作为异体骨移植研究的动物模型；129品系小鼠是建立ES细胞系的最佳模型材料，分离、培养鼠ES细胞系的成功率达60%以上，远远高于其他品系，而国内BALB/c小鼠的建系成功率还不到15%。目前，培育的多种近交系及转基因鼠已广泛应用于生命科学研究，哺乳动物近交系创新资源研究已呈现飞速发展、长盛不衰的发展局面。

二、近交系鼠培育方法

小鼠近交系培育虽然起始于1909年，并在以后的40年内培育出了多个不同的近交系鼠，但截至1952年，Clarence C. Little等才提出建立获得小鼠近交系系统的方法，即当使用全同胞进行交配（以下简称b×s）达到20代（F_{20}）或更多连续的代数，并且第20代能够追溯1对祖先繁殖的个体后代，该品系应该被认为是近交系，其近交系数为0.99。Wright于1922年首次计算、绘制出近交世代与近交系数的相互关系，为近交系的培育提供了科学依据。赵伦一等（1982）利用电子计算机程序技术建立了近交系代数与近交系数换算的相互关系。

近交系鼠培育方法的创建拉开了近交系遗传资源创新的序幕，但同其他新生事物一样，起初难以被世人所接受，直到大、小鼠近交系使用了几十年之后，1980年8月在国际实验动物科学委员会、国际抗癌协会等诸多团体的协助下，才在日本东京正式成立了对近交鼠的遗传监控机构，由美、英、法、德、波兰、日本等国的专家学者共同制定了国际近交系鼠的监测标准。

三、创立鉴定标准

随着哺乳动物近交系小鼠的培育成功，近交系遗传鉴定的研究陆续开展。尤其是哺乳动物近交系小鼠培育方法标准的建立，大大加快了哺乳动物遗传近交系遗传鉴定研究的步伐，同工酶蛋白质鉴定研究、生化标记鉴定研究及微卫星变异和鉴定研究被先后报道。精确绘制遗传标记的增加，能够提高区分密切相关的品系和亚品系之间基因位点的识别能力，如C57BL/6品系和C57BL/10品系的区别。

四、近交系鼠培育成功率极低且与早期产仔率相关

Bowman和Falconer（1960）在报道首例近交系鼠培育成功时发现，利用随机选出的20对小鼠进行近交繁殖，最终仅有1对获得近交F_{20}的小鼠群体（占5%），显示近交系鼠培育成功率极低。研究还发现近交后代窝产仔数随近交代数的推进逐步降低，即近交系数每增加10%，其后代窝产仔数平均下降0.56个；近交初期显示窝产仔数多的后代小鼠，并不能有效阻止其后代存活率下降的速度；当近交系数达到76%时，开始的20对中已有17对后代失传；当近交系数达到90.8%时，又有2个品系未能传代，最后仅有1对形成的品系存活下来；传代时间较长的3对，在开始近交繁育时，其后代窝产仔鼠数低于平均水平，但随近交推进其窝产仔数没有显示降低，最终培育成功的1对后代近交系数达到了99%，与对照组非近交系窝产仔数没有显著性差异。表明近交系鼠培育成功与其早期产仔率相关。

五、近交系品种繁多，用途广泛

近交系繁育和定向诱导会导致后代个体性状出现大量的分离现象，无疑将得到不同的、特定的表型群体。目前，国际上已获得不同类型的近交系有上百种，如 SAM、C57BL/6、FVB、129、129/ter、BALB/c、C3H、IRM-2、HFJ 等。快速衰老小鼠（SAM 品系）表现了加速衰老的特征；C57BL/6 小鼠品系对乙醇和麻醉剂有增强的偏好性，用于物质偏好性的研究；129 小鼠较其他品系在胚胎干细胞建系、传代研究中有更高的成功率；FVB 小鼠品系的大原核有助于将外源 DNA 直接注射入受精卵中进行转基因试验研究；BALB/c 和 C3H 小鼠品系对乙基亚硝基脲诱变具有较强的敏感性，在诱导突变创建新品系研究中具有很高应用价值。另外，具有一定特征的近交系已广泛用于神经系统科学研究中。

六、近交系鼠命名方法和资源库

经多年的研究实践，有学者提出以时间、地名等进行近交系鼠命名的方法。同时，建立小鼠基因组数据库，在网站上制作可用的近交系系谱图表，既通过超链接到微卫星多态性和近交系表型的数据，也能链接到国际小鼠品系资源数据库，并在这个资源库中列出可用的品系，有特定人员会督促生物医学研究团体及时更新这些电子资源以确保这些近交系有价值的信息不会丢失。

近交系鼠种类之多、应用之广，作为人类生命科学研究材料，目前已发展到世界各国。其中，我国南京国家实验动物小鼠遗传资源库的种类已达 150 余种，且我国每年出资上百万元，用于引进、创新培育近交系鼠的态势不减，这足以表明近交系鼠在人类社会文明进程中所处的地位和发挥的作用。

第二节　国内外大型哺乳动物近交系猪研究进展

由于猪在生殖生理、营养代谢等种质特异性上与鼠类有本质差异，较鼠更接近人类，因此 1920 年以后美国开始利用商品肉猪进行大规模的近交系培育研究。1936 年，美国农业部组织协作组对由不同品种产生的 110 个试验群进行测试，其近交系数分别为 0.3～0.6。第二次世界大战结束以后，英国等欧洲多国也相继利用商品肉猪进行大规模的近交系培育研究。但由于近交繁育导致大批仔猪死亡，繁殖力衰退严重，因此不得不改用半同胞或远亲交配，以维护其生产性能。截至20世纪70年代，朱星红等指出美国Lasley于1978年曾报道猪的最高近交系数仅达到0.75。同时，日本学者Mezrich等（2003）报道，利用连续的、相继的兄妹或者亲代与子代交配的方法已获得F_7～F_9，其近交系数仅达到0.75。

自20世纪80年代初，我国才开始小型猪实验动物化培育及开发利用研究。在农业部、科技部、国家自然科学基金委员会，以及各省、自治区、直辖市科技厅的大力资助下，多个单位相继开展了试验用猪和近交系猪的培育研究。例如，云南农业大学、广西大学等分别以滇南小耳猪、巴马香猪为材料先后开展此项研究，培育出了不同的近交系猪品系，但按照国际通常采用的近交系鼠鉴定方法，以及中国《小型猪近交系品种鉴定标准（草案）》，开展传统的、最有说服力的异体皮肤移植技术鉴定的品系猪未见更多报道。目前，中国农业科学院北京畜牧兽医研究所以近交系五指山小型猪，利用经典的、传统的皮肤移植鉴定验证及全基因序列分析等多种方法证实近交系小型猪培育成功，并于2013年12月15日通过农业部科技教育司组织的专家鉴定，已获得近交系猪F_{20}以上的近交系群体。

第二章 近交系五指山猪的起源与形成

近交系五指山猪是由五指山猪培育而成，五指山猪头、尾两头尖，状如老鼠，俗称“老鼠猪”，原产于海南省中部地区，是一个古老的、体重轻（小于40kg）、性成熟早（3月龄即有配种和受孕能力）、遗传稳定、肉质细嫩并有香味的猪种，多年来采取“子配母”或“拉郎配”的近交繁育方式。母猪乳头5～7对，产仔6～8头。仔猪初生重0.3～0.4kg，6月龄体重5～6kg，成年体重35kg左右。

五指山猪是在特定的生态环境和社会经济条件下，经历代自然和人工选择而形成的体型极小、生长速度甚慢的矮小品种，1962年存栏10万头，后被误列为“消灭对象”，存栏头数急剧下降，1982年存栏600头，1987年仅发现10余头，已基本灭绝。从1987年起，为挽救这一珍稀濒临灭绝的品种并将其培育成有价值的实验动物开始了定点观察、异地保种等一系列研究工作。

第一节 五指山猪起源与外貌特性

一、起源与历史形成

由于海南省中部黎族、苗族聚居地没有文字，因此只能从史料获得一些旁证资料，经3次普查，对五指山猪的形成尚有3种看法：①海南省的原始品种；②汉族区小耳花猪引进黎族地区退化而成；③引进的小耳花猪与野猪杂交而成。

持第一种看法的认为，黎族是历史上最早进入海南省的民族。据史料记载黎族很早就有养猪的习惯，但每户养的猪比较少，平时舍不得吃，仅在尊客、孝敬丈母娘，以及敬神时才杀猪，这种习俗由来已久。20世纪50年代至60

年代初，五指山地区一带只有这种猪，1964 年推广杂交改良后才引进各种外来猪。但最早的《崖州志》中记载，我国黎族有养猪的习惯，但没有明确文字说明是哪一种猪，因此仍持有疑义。

持第二种看法的认为，五指山猪的外形、毛色与临高猪相似，是缩小了体型的一种临高猪，因饲养条件的改变而改变的。而不同意此看法的认为，它们之间虽有相似点，但五指山猪的有些特征是临高猪没有的。

持第三种看法的认为，从产区，嘴尖、脚细、善奔跑、野性强，具有野猪的特点来看，五指山猪可能是野猪与小耳花猪杂交的后代，经长期自然和人工选育而成的。

据《黎族研究参考资料选辑》（第二辑）中的《汉书·地理志》中记载："武帝元封六年，略以瞻耳、珠崖、民……有五畜。古曰：牛，羊，猪，鸡，犬。"

《萧志》中记载："生黎……结茅为屋……下畜牛猪。"

《海南岛志》记录："黎人牧猪亦多，鸡、鸭、鹅、羊则较小。"

《黎苗观光团忌亲大会会刊》记载："琼崖每年之出口猪牛家禽……大半均来自黎境。"

从文字可见，通过比较，家猪的外形与野猪相似，但腹部比野猪大，足比野猪短。

《海南岛黎族的经济组织》（日）："……饲放出来的黑白斑纹的肥猪，带着一群群猪仔跑到村落外寻食。"此为日本人于 1944 年在重合盆地（今昌江县七差村）调查时，在黎族村落见到猪的一段文字描述。从中可以看到，当时黎族所养的猪有黑白斑纹，放牧饲养。

《海南岛志》，"屠猪捐，创自前清光绪二十八年……，其税率，六十斤以上的大猪，每头征收六角，四十斤以下中猪，每头征收四角。""其征收屠宰费规则，这重六十斤以上者为甲等，每头收大洋二角五分，重十八斤以上六十斤以下者称为乙等，每头收大洋二角，重不及十八斤者为丙等，每头收大洋一角五分。"以上文字记述主要指海口及岛内琼山、琼乐、万崖、陵水等地，汉区的屠猪捐和屠宰费是以六十斤作为大猪的体重标准。可见在清朝，海南岛的猪体型不大，那么山区黎族所养的猪体型就更小，在海南藏族自治州新建的博物馆，陈列有黎族用来养猪的木制饲槽和养狗的陶制饲槽，两者大小相仿，猪的体型之大小亦不难想象。

据《海南岛农业区划报告集》："海南农业局根据广东省猪种的分类、体型、特征等历史资料分析认为，'临高猪与塘缀猪相似，主要区别是临高猪黑颈。'推定临高猪系吴川塘缀猪来岛后与海南山地猪杂交的后代，因山地猪是小耳黑背型。"据《琼州府志》："猪小耳、白颈者为俗所忌。"因此，山地猪血源的影响及当地人们对黑颈体色的选择，形成了临高猪小耳黑背的类型。

临高猪形成历史的描述资料表明，海南山地猪是小耳黑背类型，而海南山地猪即俗称的老鼠猪，与现存猪只亦是小耳黑背情况相符。同时亦指出，临高猪有山地猪的血缘，其毛色受山地猪的影响，这一说法与老鼠猪是退化而成的看法恰恰相反。

二、生态环境与品种特征形成

任何一个地方品种的特征、特性的形成，都要受到所在地区自然生态环境及社会生态的影响，尤其是在一些特定地方的生态条件下表现就更为明显。王正等（1990）、徐克学（1982 年）对我国 43 个猪种进行了聚类分析法和多元分析，以探求猪的品种特点与生态特征之间的关系。他们认为，猪的体格大小（体尺、体重）似与纬度有关，相关系数是：纬度与体高，$r=0.5784$；纬度与体长，$r=0.4053$；纬度与胸围，$r=0.4541$；纬度与体重，$r=0.4643$。说明北方猪的体格一般比南方大，猪的成熟期、体型和脂肪似与温度、湿度相关（表 2-1)。温度越高，性成熟越早；温度、湿度逐渐增高，猪的凹背、垂腹程度就越低，背膘也就较厚。

表 2-1　猪的成熟期、体型和脂肪似与温度、湿度的相关性

项目	5 年气温平均值	5 年降水量平均值
性成熟（月龄）	$r=-0.3046$	$r=0.1615$
体型（凹背、垂腹程度）	$r=0.6817$	$r=0.7327$
背膘厚度	$r=0.4256$	$r=0.4337$

五指山猪产区集中在海南省中南部热带，此地区雨量充沛，是自然封闭的山区。主要产区东方县东部属于低山盆地，位于海南省西部，北纬 1843′8″，东经 10836′16″～1097′19″。平均日照 2 524.3h，夏至日最长为 13.17h，冬至日最短为 10.59h；年平均温度 24.2℃，最热月平均温度 39℃，最冷月平均温度 7.6℃；年降水量 1 400～1 600mm；另一个主要产区白沙县东部也属于低

山盆地，位于海南省中西部，北纬 18°56′19″、东经 109°02′11″～109°42′00″。平均日照 1 991.5h；年平均温度 22.7℃，最高温度 38～41℃，最低温度 3.4℃；年降水量 1 800～2 400mm。山脉走向不一，坡度大，沟壑交错，山多林密，地貌复杂，四季常青，野草、野果茂盛（林木），各种热带资源极为丰富，植物种类达 290 多种，野生药用植物达 1 000 多种。在过去漫长的岁月里，因农业经济比较落后，黎族人们生活比较艰苦，只用少量甘薯秧煮水加少量米糠饲喂五指山猪，每天 1 顿，因此饲养五指山猪主要以野草、山坡野果为主。

海南省内各大小河流都发源于五指山，形成放射状的水系，流域面积 500km^2以上的河流有 11 条。这些支流在众多走向不一的山岭间，盘旋地况复杂，河床狭窄，滩多流急，形成山区腹地与外界交通隔绝的重要地理原因。五指山猪就是在这种特定的生态环境下，长期近亲繁殖和低水平的饲养而形成的一种矮小品种，具有性成熟早、抗逆性强等特点。

三、外貌特性

五指山猪体型小，头小而长，耳小而直立，嘴尖，嘴筒直或微弯，胸窄，腰背平直，腹部不下垂，四肢细短，呈白色，蹄踵长、稍前倾，全身被毛大部为黑色或棕色，额部有白三角或流星，腹部和四肢内侧为白色。成年母猪体重 30～40kg，很少超过 40kg，乳头数 10～12 对，窝产仔 6～8 头，仔猪初生重 0.3～0.4kg。据海南黎族苗族自治州统计，1964 年前全州约有老鼠猪 10 万头，分布于州内各地。

第二节　近交系五指山猪特性研究和异地保种

五指山猪原产于海南省中部交通不便、自然封闭及没有饲养公猪习惯的热带山区，在这种特定的生态环境和较落后的社会经济环境下，经历代多年“拉郎配”“子配母”等高度近亲的繁衍方式，以及自然选择和人工选择而形成的一种体型小、增重甚慢的矮小品种。20 世纪 60 年代初，五指山猪饲养量较多，约有 10 万头，以琼中、保亭、白沙、昌江、东方、乐东等县饲养数量较多。当时猪体型小，增重速度甚慢，因此提出“三年消灭劣种猪”，甚至提出

“换种”等口号，使得广东大花白猪、广西陆川猪及本岛的临高猪、文昌猪被大量引入用以改良五指山猪。由于大规模改良工作的深入持久开展，加之当地没有养公猪的习惯，因此五指山猪的饲养数量急剧下降，分布范围越来越小。据1982年海南黎族苗族自治州组织调查，当时有种猪600余头。为了确切查清五指山猪的现存数量，1987年中国农业科学院畜牧研究所组织了调查组，深入实地考察了3个县、6个乡、14个自然村。所到之处发现，家家都养猪，村内、村旁、宅旁、灌木丛林，随处均可见到大猪、小猪或老母猪带着一群小猪崽，东奔西跑来回地寻找食物。虽然猪的数量不少，但要找到五指山猪却非常难，仅在较偏僻的深山黎寨，如原东方县公爱乡的陀牙村、广粑乡的广坝村、白沙县南开乡的竹北村、青松乡的力乐、浪九村等找到10余头。由此可见，五指山猪已被杂交猪所取代，剩下寥寥无几，处于濒临灭绝的境地。1997年6月再次进行考察，前后在通什市五指山区的黎族山寨、东方市（原东方县）等偏僻的山村，见到被当地人称之为“五脚猪”“小种猪”的不计其数，但仅仅发现2头3～4年以上、形态和外貌酷似五指山猪老母猪的，未发现五指山猪公猪。这一迹象表明五指山猪已面临彻底绝灭的境地。

一、特性研究

（一）猪群来源及生理特征

据林耀昌（1987）研究报告，1987年10月15日其向海南省东方县中沙乡黎族村民购买了A、B两头第2胎带仔母猪（随同7头仔猪）。A母猪于1987年9月25日产第2胎，产活仔6头，购买时尚存仔猪5头（3公2母，其中有1头小公猪隐睾）。该母猪于同年11月19日至12月28日先后发情3次，性周期19～22d。第3次发情时用104日龄的8号小公猪配种受孕，于1988年4月20日产下第3胎，产活仔5头，妊娠期为114d。

B母猪于1987年9月15日产第2胎，产活仔猪6头，买入时尚存仔猪2头（公）。该母猪于同年12月13日至次年元月23日也先后发情3次，性周期同为19～22d。第3次发情时用130日龄的10号小公猪交配（母子配）4min。此后B母猪一直不再返情，而且具有妊娠征兆。但在预产期前1周发生便秘，废食3d，而后不见分娩，并于1988年6月又开始发情。A、B母猪体尺、体重见表2-2。

表 2-2 A、B 母猪（五指山猪）体尺和体重

母猪编号	体高（cm）	体长（cm）	胸围（cm）	体重（kg）
A	31.5	66.5	58	16.5
B	33.9	74	71	26
平均	32.7	70.25	64.5	21.25

（二）日粮配方与饲养管理

A、B 母猪饲料有米糠、甘薯粉、豆饼、麸皮、玉米、小麦、稻谷、菊花草粉共 8 种，但每次的饲料配方中都不超过 4 种饲料，都以米糠为主。配成的饲料平均含消化能 1.04×10^7 J/kg、粗蛋白质 10.9%、粗纤维 14%、钙 0.22%、磷 0.4%，最后将钙磷比例调至 1.5∶1。

试验猪由极其粗放的饲养方式突然转为圈养，猪存在采食不习惯的问题。采用饲料生喂法，母猪每头每日饲喂混合饲料 1kg，将日粮分成早、午、晚三餐，每餐都以 6 倍的清水将混合饲料稀释，小猪也采用同样的喂养方法。在中午与晚上各补饲一次甘薯藤或象草，每头母猪补饲 1.5kg，每头小猪补饲 0.5kg。

最初的饲料配方以当地村民饲养五指山猪的情况为依据，以米糠、甘薯粉和菊花草粉配成，含消化能 8.86×10^6 J/kg、粗蛋白质 8.84%、粗纤维 18.3%。但饲养 30d 后发现，大小猪食欲都极差，体况消瘦，粪便松散，随将饲料配方调至成含消化能 1.04×10^7 J/kg、粗蛋白质 10.9%、粗纤维 14%后，猪只的采食、消化、体况都恢复到较正常状态。由此可见，五指山猪对适应水平有一定限度的要求，尤其是对粗蛋白质有更为明显的最低要求。黎族村民之所以能用如此低下的营养水平喂养五指山猪，是因为在放牧过程中猪能觅食到各种野草、植物根茎，以及蜗牛、蚯蚓等以补充营养不足。

（三）五指山猪生长发育状况

购买的 A、B 母猪，除 B 母猪所产的 2 头仔猪因感染破伤风病死亡之外，根据 A 母猪所产 5 头仔猪饲养 7 个月过程中的测定，五指山猪生长速度极为缓慢，其生长高峰似在 7 月龄以后（仔猪生长情况及平均日增重分别见表 2-3）。

表 2-3 A 母猪第二胎仔猪生长情况

日龄 (d)	窝重 (cm)	体重 X ±S	C. V. (%)	体高（cm）		体长（cm）		胸围（cm）	
				公	母	公	母	公	母
21	4.98	0.99 ±0.32	32.16						
60	10.35	2.07 ±0.62	29.71						
90	13.65	2.73 ±1.19	43.59						
120★	16.2	4.05 ±1.75	43.22	22	21.2	38	39.5	36.5	36
150★	24.5	6.13 ±3.03	49.43	23.1	22.5	1.5	43.5	40	2.5
180★	29.1	7.28 ±3.53	48.49	25.2	24.5	43	44.5	44.5	43.5
210★	41.6	10.4 ±5.79	55.67	26.5	26.0	51	50	48	47
240★	58.38	14.6 ±6.59	45.14	30	29.7	55	54.5	55.5	54

★注：其中 1 头隐睾小公猪从 90 日龄均不列为统计数。

小母猪的初情期似乎与体重的大小无甚相关，而与月龄的关系较为密切。120 日龄时 1 号小母猪和 2 号小母猪的体重分别为 8kg 和 6.5kg，但都在这个月龄同时表现出性成熟，2 头小母猪的初次发情日期只有 2d 之差，即 1 号小猪的初情期为 117 日龄，2 号小猪的初情期则是 119 日龄。

母猪在妊娠期间及分娩后的营养水平，对仔猪的生长情况有着明显的影响，如 A 母猪在饲养观察期间的日粮营养水平高于黎族村民自养时的日粮营养水平，因而第 3 胎仔猪的生长状况就极明显地优于第 2 胎仔猪。

（四）屠宰测定

1988 年 7 月 19 日屠宰 1 头 298 日龄的 4 号肉猪（公）。宰前禁食 20h，活重 32.25kg，体长 75cm，胸围 76cm，育肥期间饲料含消化能 1.07×10^7 J/kg、粗蛋白质 10.82%、粗纤维 12.88%，每增重 1kg 需消耗消化能 5.84×10^7J。

1. 屠宰测定结果 有：宰前重 32.25kg、胴体重 21kg、屠宰率 65.12%、皮厚 0.2cm、背膘厚 3.3cm（三点测定）、眼肌面积 12.6cm²、瘦肉率 47.38%、花板油率 5.62%、头胴比为 10.71%、心脏与活重之比为 0.4%、胃与活重之比为 1.4%、肠与活重之比为 4.96%。

由以上测定结果可知，五指山猪屠宰率稍低（只有 65.12%），但皮薄（只有 2mm），瘦肉率超过 45%，达到 47.38%，心脏、胃及肠比重较大，适应于较大的运动量和采食纤维性含量较高的饲料。

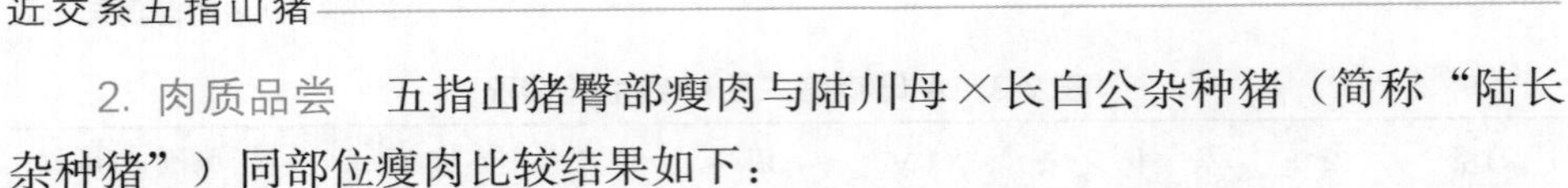

2. 肉质品尝　五指山猪臀部瘦肉与陆川母×长白公杂种猪（简称“陆长杂种猪”）同部位瘦肉比较结果如下：

（1）清水煮熟法　将五指山小型猪及陆长杂种猪相同部位的瘦肉都切成1cm×1cm×5cm的长条肉，分别投入清水内煮熟，品尝肉的风味。结果五指山小型猪肉质稍硬，肉香味较浓；陆长杂种猪肉质较软，肉香味清淡。

（2）爆炒法　将五指山小型猪及陆长杂种猪相同部位的瘦肉均切成薄片，分别加入相同的佐料爆炒，进行风味品尝。爆炒后，五指山小型猪肉色较深红，肉质较脆、嫩；陆长杂种猪肉色较差，肉质较硬，二者之间的肉香味难于分辨。对吃过五指山猪猪肉的10余个家庭进行的调访结果是，五指山小型猪猪肉脆、嫩、香，较好吃。

（五）五指山小型猪特性评价

1. 生长发育繁殖特性　五指山小型猪毛色黑白相间，有一定的规律，表明遗传稳定。成年母猪体重大小相差悬殊，究其原因可能：一是黎族村民无饲养种公猪的概念，更无选种措施，母猪发情时任其由小公猪随机进行亲缘交配。二是五指山小型猪性成熟早，公、母猪在3～4月龄时即已性成熟，且可配种受孕。小猪始配年龄越小，在妊娠乃至哺乳期间，营养水平越低劣，就越发加深小母猪早期生长发育受阻，成为补偿代谢的不可逆转。这就是遗传稳定、母猪体重大小相差悬殊的原因。

2. 耐粗饲特性分析　五指山小型猪的心脏及胃、肠比重较大，适应于在营养水平低劣的情况下放养。调查发现，体重在65kg左右的肉猪屡见不鲜，膘情也较好。仔猪个体虽小，但营养状况良好，被毛光洁，行动活泼、可爱，可见五指山小型猪对粗饲料的利用效率远比其他猪种的高。

3. 繁殖特异性　五指山小型猪的日粮营养水平极为低劣，以放牧为主。在繁殖上采用子配母、少配老、小配大、小配小的极度近亲繁殖方式。因此，生长速度缓慢，性成熟早。小公猪和小母猪在3～4月龄性成熟，且能配种受孕。

4. 肉质好，香味较浓　五指山小型猪皮薄，瘦肉率高，肉色深红，且肉香味较浓。对环境的适应性强、耐粗饲，用来杂交改良，可以提高育成品种的肉质及粗饲料的利用率。五指山小型猪的这些特征无疑是外来品种无法相比的，作为地方品种资源，应加以积极保护和利用。

二、异地保种

曾经在海南通乍农技学校进行定点观测发现，五指山猪由散养放牧改为圈养，饲养条件得到改善后，其生长发育、发情配种、妊娠产仔均正常，并且具有矮小品种特色。但由于其生长速度极为缓慢、体重甚轻（2 年增长 21kg），因此看不出其经济价值。为了进一步了解其特性和其具有的经济价值，1988 年将该种猪由海南省转移到广东省农业科学院继续进行种质特性测定。

（一）生理常值测定

结果见表 2-4。

表 2-4　五指山猪生理常值结果统计

项目	呼吸频率（次/min）	心率（次/min）	体温（℃）	比容（%）	红细胞总数（百万个/mm³）	血红蛋白含量		白细胞总数（万个/mm³）	白细胞分类统计（%）				
						（g）	（%）		淋巴细胞	单核细胞	嗜酸性粒细胞	嗜碱性粒细胞	中性粒细胞
公猪													
平均数 X	33.67	60.00	38.93	35.3	6.80	12.33	84.6	1.49	75.2	1.47	2.33	2.33	18.77
标准差 S	14.05	22.60	0.61	0.50	0.75	0.76	0.06	0.88	4.53	0.68	1.15	3.18	3.04
标准误 Sx	8.11	13.05	0.35	0.30	0.43	0.48	0.03	0.51	2.62	0.39	0.67	1.84	1.76
极低	19	66	38.4	30	6.07	6.07	78	1.40	70	0	1	0	13
差高	47	81	39.6	40	7.67	7.67	88	1.58	83	3	5	10	21
母猪													
平均数 X	37.20	72.40	39.38	37.4	7.10	7.10	85.0	1.25	75.1	1.18	4.66	0.94	18.66
标准差 S	7.56	8.87	0.76	0.64	0.60	0.60	0.08	0.34	6.68	0.88	3.35	0.55	7.50
标准误 Sx	3.38	3.97	0.34	0.03	0.27	0.27	0.04	0.15	2.99	0.39	1.50	0.25	3.35
极低	25	60	38.8	35	6.66	6.66	80	0.83	63	0	1	0	4
差高	43	83	40.0	47	7.97	7.97	94	1.53	82	3	8	3	36

从表 2-5 看出，体温、呼吸频率母猪高于公猪，红细胞总数母猪高于公猪，血红蛋白含量公猪高于母猪，白细胞总数公、母猪差异不大。

（二）血液指标

五指山猪血液指标与其他猪种的比较见表 2-5。

表 2-5　几种猪的血液生理常数

项目	小型猪		五指山猪		大花白猪
	公	母	公	母	
白细胞数（百万个/mm^3）	7.09 ±0.80	6.9 ±5.0	6.8 ±0.75	7.1 ±0.6	6.71 ±0.15
每 100mL 血液中的血红蛋白含量（g）	13.0 ±0.25	11.8 ±0.21	12.33 ±0.76	12.5 ±1.12	11.61 ±0.18
平均红细胞容积（fL）	60.0 ±1.0	57.0 ±1.21	51.91 ±0.15	52.68 ±3.17	
平均红细胞血红蛋白量（g/L）	18.3 ±0.25	17.1 ±0.30	18.13 ±0.94	17.61 ±0.45	
平均红细胞血红蛋白浓度（%）	30.1 ±2.0	30.3 ±1.25	34.93 ±1.93	23.4 ±2.25	
PCV（%）	43.2 ±0.5	38.9 ±0.72	35.3 ±3.5	37.4 ±4.16	
白细胞分类 中性细胞（%）	39.0 ±4.35	29.0 ±3.65	18.27 ±3.84	18.66 ±7.5	16.8 ±1.94
白细胞分类 酸性细胞（%）	4.5 ±1.20	5.0 ±1.4	2.33 ±1.15	4.66 ±3.35	2.30 ±0.35
白细胞分类 碱性细胞（%）	52.1 ±6.4	58.8 ±4.8	75.2 ±4.53	75.1 ±0.34	73.33 ±2.92
白细胞分类 淋巴细胞（%）	1.2 ±0.30	2.0 ±0.35	2.33 ±3.18	0.94 ±0.55	0.77 ±0.22
白细胞分类 单核细胞（%）	3.3 ±0.42	5.2 ±0.32	1.47 ±0.68	1.18 ±0.88	4.37 ±0.92

因此表可以看到，五指山猪的红细胞数及血红蛋白含量与小型猪和大花白猪相近，属正常范围数值。

在机体免疫过程中，淋巴细胞起着非常重要的作用。五指山小型猪常年野牧觅食，适应性较强。被运到广州市定点饲养的母猪，在寒冷的环境下所产的两胎仔猪经历两次寒潮后，不用垫草亦没有发生仔猪白痢，体况亦大大优于其他品种的仔猪。五指山小型猪的淋巴细胞数量在白细胞分类中所占比值较高，这是否对五指山小型猪的抗逆能力有较大影响有待进一步探讨。在机体免疫期间，白细胞中的单核细胞与淋巴细胞发生相互作用，把自身所带的一部分抗原物质转交给淋巴细胞，从而使淋巴细胞发挥作用，但五指山猪中的单核细胞百分数低于常值。

（三）附睾精子形态观察

1. 精子形态　用 159 日龄小公猪附睾的精液涂片、镜检发现，低倍镜下五指山猪的精子尾部 1/3 长度的位置有一小圆点，液氮保存后该小圆点亦未消失。用与其年龄相仿的三元杂交小公猪作对照观察发现，同样都是从附睾中抽取的精子，但三元杂交小公猪中仅有个别精子有这种现象，其原因尚待探讨。

2. 睾丸组织形态　五指山猪 5 月龄的输精管壁较厚，管腔较大。曲精细管中，各级生精细胞发育成熟，管腔中均有精子。睾丸中的间质细胞发育十分明显，数量较多。在生理上间质细胞主要产生雄性激素，间质细胞越发达，雄性激素分泌水平越高，从而可以解释为什么五指山小型猪有性早熟的特点。断奶后的小公猪，体重不足 5kg 就有配种能力，这种性生理机能与形态结构的一致性，验证了猪品种特点与生态特征之间的密切关系，即温度较高的地区五指山猪的性成熟时间就较早。

（四）生化遗传标记及染色体核型测定

从 8 头五指山小型猪中的静脉抽取肝素血，分别用于细胞培养及制备血浆、血红蛋白，采用聚丙烯酰胺凝胶等电聚焦电泳法和外周血淋巴细胞培养制备染色体。测定结果如下：

（1）血浆白蛋白　8 头猪中 3 头为 AA 型，基因频率占 37.5％；3 头为 AB 型，基因频率占 37.5％；2 头为 BO 型，基因频率占 25.0％。基因频率，A 为 56.25％，B 为 31.25％，O 为 12.50％。

（2）血红蛋白　全部为 A 型，据查阅有关文献也未见多态型。

（3）血液结合素　8 头猪中 1 头为 Hp0-0 型，7 头为 Hp2-3 型，基因型频率分别为 12.5％和 87.5％。

（4）碳酸酐酶　全部为 AB 型，表明五指山猪一致性好。

利用外周血淋巴细胞培养制备染色体核型，未发现异常（染色体核型：$2n$＝38XX 或 $2n$＝38XY）。

第三章
近交系五指山猪培育

近交系五指山猪是由 2 头五指山猪为系祖育成的。1989 年从海南省引进 2 头五指山猪后，采用“近亲繁殖”、笼架饲养等综合技术措施，逐步克服跨越近交繁育后代畸形率高、弱仔率高、死亡率高的“三高”难题和成活率逐步恢复阶段，即由仔猪成活率不足 20%逐步提高到 30%～90%。历时 30 年，成功组建了 F_{20}～F_{26} 近交系群体，建立了完整的近交系谱，F_{26} 近交系数已高达 0.996，世界首例近交系小型猪育成。

第一节　五指山猪异地保种

一、异地保种

1989 年 5 月 28 日五指山猪被运至北京。遇到的第一个问题是，五指山猪是否具有小型特征，这是关系五指山猪有无开发应用价值的大问题，也是同行关注的焦点。为解决此问题，当时首先采取“自由采食、不限量”的饲喂方式。2 年后发现原引种猪胸围增大但腿不增高，期间虽未注射任何疫苗但也没发生传染性疾病。原引公猪于－10℃低温下正常活动，仍表现出体型小、适应能力强的特点。

异地保种遇到的第二个问题是，五指山猪发情不排卵、配不上种。经 PMSG＋HCG 外源激素处理后，逐步掌握了其生物特性和繁殖规律，五指山猪获得了妊娠并产仔。

异地保种遇到的第三个问题是，近交后代仔猪畸形率和弱仔率均高，死亡率也高。但及时采取提高营养水平、加强运动、草场自由采食，以及改善生长环境等措施后，逐步掌握了五指山猪的生物学特性和饲养规律。1994 年有基础母猪 30 余头，经过近 10 年培育已获得 50 头种猪。

二、五指山猪种质特异性

五指山猪具有体型小、性成熟早、遗传稳定的特点，是培育试验用猪的理想材料。同时，开展了肉质风味分析研究，希望为其肉质香味浓的原因提供理论依据。进一步研究发现，五指山猪与枫泾猪杂交后可获得体型大、肉质好、产量高，适合高档肉食生产的杂交组合。

由于生长激素在动物的生长发育过程中起着十分重要的调控作用，因此对五指山猪的生长激素位点也进行了初步的研究。以猪的生长激素（growth hormone，GH）cDNA 为探针，利用 *Bam*HⅠ、*Dra*Ⅰ、*Eco*RV、*Hin*dⅢ、*Kpn*Ⅰ、*Pst*Ⅰ、*Sac*Ⅰ、*Sma*Ⅰ、*Xba*Ⅰ等酶切基因组 DNA，进行 RFLP 分析，结果发现酶切杂交图谱上出现差异，特异的深色带可能与五指山猪在 GH 位点上所代表的等位基因的结构和功能有关，但尚待进一步研究。在美国耶鲁大学、乔治亚医学院对五指山猪生长激素基因序列及其结构分别进行了 3 次测定发现，均具有相同的特异性，即五指山猪的 *GH* 基因序列与普通猪的 *GH* 基因序列有不同之处，并导致部分氨基酸发生改变。这种改变对五指山猪生长激素基因的结构及基因表达都可能产生一定影响，为后来进一步深入研究其矮小型的原因指明了方向。

在五指山猪特异性遗传标记研究中，对长白猪、五指山猪和枫泾猪 3 个品种猪的肝组织总 RNA 进行了 DDRT-PCR 分析，经非变性聚丙烯酰胺凝胶电泳共产生 24 条多态性 cDNA 片段。在其扩增、标记和克隆后，经 Northern blotting 杂交鉴定，证明一个长 221bp 的片段为五指山猪特有的。以克隆的特异性片段调出其全基因进行分析和比较，为探索不同品种表型差异的分子遗传基础提供了一条线索，为后来进一步研究五指山猪的遗传标记奠定了基础和信心，五指山小型猪异地保种成功、近交系培育、种质特性及开发应用研究工作取得了重要进展。

第二节　小型猪近交系的育成与鉴定

在培育研究实践中发现，在普通地面条件和环境下，F_{16}、F_{17} 仔猪成活率极低，为 20.00%（5/25）；相反，在网上饲养后，F_{14} 仔猪成活率达到

66.67%（22/33），F_{19}仔猪成活率可提高到85%以上。其主要原因可能是：由于该近交系仔猪体型极小、体重太轻（0.3～0.4kg），因此出生后难以适应外界环境变化；加之随近交代数的推进其基因的纯合度越高，抵抗微生物侵袭的能力就越弱，提示出生后保持外界温度等对维持近交品系的成活率尤为重要。为此，全部采取了笼架结构网上产仔措施，使仔猪成活率逐步提高到正常水平，即以1公1母五指山猪为系祖的近交F_{13}～F_{17}种猪群为材料，按照发明专利（ZL.02149030.9）技术，继续采用"近亲繁殖＋笼架结构网上饲养"等综合措施，有效地提高了近交系后代的成活率，由地面饲养F_{18}的60%（15/25）提高到笼架结构网上饲养F_{20}的92%（23/25），标志着该近交系已跨越"畸形胎死亡率高、弱仔死亡率高和成活率恢复"三个阶段。

2009年3月23日F_{20}仔猪顺利生产，建立了完整的近交系谱，其近交系数最高达0.991，标志着已经育成"国际首例小型猪近交系"［2014-T-01-D01］。此外，第三方引种1公4母6年扩繁1 600余头，表明五指山试验用近交系猪培育成功。

小型猪近交系具有明显的外貌特征：头戴白星，嘴稍长，耳小直立，体毛色上半部为黑色、下半部为白色，四肢矮系，4～5月龄性成熟。体型小，7月配种，窝产仔6～8头，最高10头。个体出生重为（0.33±0.083）kg，1月龄为(2.94±0.55）kg,2月龄为(5.55±1.30）kg，6月龄为（13.43±3.27）kg。成年体高45cm、体长72cm，成年体重（24月龄）（35kg±3.27）kg。其体型小、性成熟早、繁殖率较高，不含PERV-C型基因、不含应激反应基因，免疫代谢等基因与人类有较高的同源性等特点，因此具有重要的生物学种质特征和开发利用价值。

创建了猪近交系异体皮肤移植鉴定方法，近交系异体皮肤移植未发生免疫排斥反应，验证其免疫抗原具有高度的同质性，证明该近交系培育成功；完成了全基因组序列分析，证明基因高度纯合近似近交系小鼠，验证了该近交系猪育成的科学性。

创新了猪近交系全基因组水平验证策略及手段，利用猪高密度SNP芯片技术对比测试该近交系和海南五指山猪发现，该近交系6万多个SNP中80%以上纯合（与近交系小鼠相似），而海南五指山猪几乎全部处于弥漫性、无规律的高度杂合状态；其多维尺度、遗传混合评估和遗传关系聚类进一步分析，同样证实与海南省五指山猪遗传基础本质不同，为一种新的种猪遗传资源。

提出小型猪近交系的遗传鉴定方法和五项标准等，建立了我国第一个小型猪 SPF 级种猪场、小型猪近交系及其 SPF 设施等，为北京市试验用地方标准（小型猪 SPF 级、清洁级、普通级的遗传、饲料营养、饲料标准、微生物、环境控制、猪栏设施等）的制定和颁布实施提供了全部数据和材料。

该近交系的应用前景广阔，成功地用于人类疾病模型、新药鉴定、食品安全、异种器官移植等方面，尤其是培育出人源化基因猪，猪猴肝移植取得了突破性进展；医用生物敷料研发应用已在大兴医药高科技园区产业化运作，产生了较好的社会效益和一定的经济效益。

该成果的产生历时 25 年，实现了我国猪种质资源创新，丰富了大型哺乳动物近交系理论与实践，具同类研究国际领先水平。

第四章
近交系五指山猪皮肤异体移植鉴定技术

第一节 异体皮肤移植排斥反应的研究进展

蛋白质标记、分子遗传学标记是大型动物畜禽品种或品系和小型实验动物鼠、兔品种/系等遗传鉴定的有效方法，皮肤移植则是近交系实验动物遗传检测最有说服力的证据之一。但有关大型动物家畜品种/系的研究报道甚少，目前国内外未见大型家畜品种/系近交系皮肤移植试验鉴定标准。有关皮肤移植技术已在人类医学上应用多年，其皮肤移植排斥反应机理等研究已取得长足进展。

一、皮肤移植免疫机理研究

在移植免疫研究领域，人们不仅把目光集中在移植物主要组织相容性复合体（major histocompatibility complex，MHC），以及宿主血清中针对移植物的抗体上，对作为体内表达 MHC-Ⅰ类分子最丰富的细胞，淋巴细胞尤其是 T 淋巴细胞 MHC-Ⅰ类分子的功能研究也已取得重要进展。外周血淋巴细胞表面 HLA-A、B mRNA 及其相应蛋白的表达随年龄老化而降低，可以作为机体免疫功能衰退的指标；$CD4^+$ T 细胞表面 MHCⅠ类分子可以延长 $CD4^+$ T 细胞的存活时间；记忆性 T 细胞表面 MHC-Ⅰ类分子的表达对其自身具有保护作用。

通常皮肤移植和同种移植物进入机体后，人类移植物 HLA 抗原接触并致敏受体免疫细胞，通过激活的免疫细胞产生的白细胞介素 IL-2、IL-4、IL-5、IL-17、IL-6、IL-10 和 IFN-γ 及肿瘤坏死因子-α 等多种细胞因子，来识别移植物细胞并引起免疫排斥反应。一般同种器官移植或异种移植可引起机体复杂的免疫应答过程，在无免疫抑制剂的情况下，通常会导致免疫排斥反应和移植物皮肤的坏死。周光炎（2006）指出，异种皮肤移植前是非血管化的，所以皮肤移植排斥反应不同于血管化实体器官的移植，其排斥反应具有本身的特点。

近年来研究表明，皮肤移植与同种器官移植反应性 T 淋巴细胞在移植排斥反应中起重要作用。一方面可通过直接途径识别供者抗原递呈细胞（antigen-presenting cell，APC）表面的 MHC/抗原肽复合物，另一方面可通过间接途径识别经过受者 APC 加工后表达在受者 APC 表面的 MHC/抗原肽复合物。皮肤移植同器官移植一样，可引起机体复杂的免疫应答过程，在无免疫抑制剂的情况下，通常导致免疫排斥反应和移植物皮肤的坏死。对急性排斥反应的早期诊断和及时治疗是保证皮肤移植和移植器官存活的关键。因此，寻找和建立灵敏、特异监测指标对于急性排斥的早期诊断和防治，以及为五指山小型猪试验用近交系鉴定提供理论依据和技术措施均具有重要意义。

二、皮肤移植后细胞因子变化规律的研究

对于皮肤移植后多种细胞因子识别移植物细胞引起免疫排斥反应已有许多报道。

戴小波等（2012）给家兔移植皮肤后，各试验组家兔外周血清 IL-17A 水平较术前明显升高，术后 14d 达到最高值，然后逐渐降低。表明血清中 IL-17 家族细胞因子含量变化，亦可以作为移植排斥的诊断与监测指标之一等。

蒋红梅等（2009）在研究探讨大鼠皮肤移植排斥反应发生发展过程中发现，IFN-γ 和 IL-4 参与了皮肤移植排斥反应，排斥反应的发生与两者的相对含量有关，排斥反应时 Th1 类细胞因子 IFN-γ 占明显优势。

周玉侠（2011）发现，同系移植组小鼠皮肤移植物生长良好，移植物缝合部位逐渐愈合，皮片柔软红润；在异系未用药组和异系用药组，移植物逐渐变暗、变黑，分别在术后第 10 天和第 22 天出现 80%的移植物坏死。

王莉等（2001）证实，同种异体-自体皮肤混合移植组 7～14d 时 $CD8^+$ 淋巴细胞明显高于同种异体皮肤移植组（$P<0.05$），在移植后 4d 或 5d $CD4^+$ 淋巴细胞明显高于 $CD8^+$ 淋巴细胞。同种异体皮肤移植组在移植后 7～14d $CD4^+$ 淋巴细胞明显高于 $CD8^+$ 细胞，在植皮后 7～28d 高于同种异体。自体皮肤混合移植组，21d 时差异显著（$P<0.05$）。在 7～14d 时 CD4/CD8 的值高于同

种异体-自体皮肤混合移植组（$P<0.05$）。提示同种异体-自体皮肤混合移植排异反应以 $CD8^+$ 淋巴细胞为主，而在大张同种皮肤移植排异反应中 $CD4^+$ 淋巴细胞起主要作用。

综上所述，不管器官移植或是皮肤移植，在未发生免疫排斥反应时，移植物存留期受体外周血中 IL-4、IL-10 大量分泌等的影响，其细胞因子水平较高，而 IL-2、IFN-γ 细胞因子则维持在低下水平；免疫排斥反应发生时，IL-4、IL-16、IL-10 细胞因子和 IFN-γ 细胞因子水平表达量相反。

三、皮肤移植排斥反应时间的研究

一般来说，在引起免疫排斥反应前采取相应的医疗技术措施，是保证皮肤移植成功的一个重要因素。因此，引起皮肤移植免疫排斥反应的时间是异种皮肤移植研究中普遍关注的另一个重要研究方面。对此，国内外学者已进行了大量的研究。

（一）同种异体皮肤移植试验研究

闻建华等（2010）用 10 只昆明鼠近交系进行皮肤移植以鉴定 SX1 近交系小鼠遗传纯合度。皮肤移植 12d 后，移植皮色泽与周围一致；28d 长出新毛，判断为未发生排异反应。邱正良等（2006）利用公、母各半的 12 只近交系鼠进行皮肤移植研究，除了其中 1 例于 2～3 周内因手术失败而发生排异反应外，其余 11 只直至移植后 100d 均未出现排异反应，表明移植成功。刘振江等（2003）研究报道，同种同系小鼠组移植后 7d 移植片红润柔软，14d 移植片愈合，色泽与周围一致，长出新毛，30d 体毛长满。李士怡等（1996）在小鼠皮肤移植后 7d，2 周时皮肤生长良好，创口愈合，4 周移植片长毛，无脱落现象。刘学龙（2005）为探讨自体皮片的移植效果，造创后用涂有市售烧伤药膏的无菌纱布覆盖创面，每隔 1d 换 1 次药，14d 后进行皮肤移植，植皮 24d 后原来皮肤凹陷处已经长平，新生表皮覆盖整个创面，色素区扩大盖满了整个创面，创面呈黄色，在色素较多的地方有毛生长，皮片成活率高，可大大缩短皮肤缺损创伤的愈合时间。

（二）异种皮肤移植试验研究

沈光裕等（2010）用猪脱细胞真皮基质移植给 40 人，烧伤深度 11 度的创面愈合时间为（13.8＋2.6）d，对照组（传统保痂组）40 人均为（18.2＋3.8）d；Horner B. M 试验猪受体，异体皮肤移植后对照组在第 6 天就出现了皮瓣移植的排斥反应。王莉（2001）指出，同种异体-自体皮肤混合移植 7～14d 时 $CD8^+$ 淋巴细胞明显高于同种异体皮肤移植组（$P<0.05$），在移植后 4d 或 5d $CD4^+$ 淋巴细胞明显高于 $CD8^+$ 淋巴细胞。同种异体皮肤移植组在移植后 7～14d $CD4^+$ 淋巴细胞明显高于 $CD8^+$ 细胞，在植皮后 7～28d 高于同种异体-自体皮肤混合移植组，21d 时差异显著（$P<0.05$），在 7～14d 时 CD4/CD8 的值高于同种异体-自体皮肤混合移植组（$P<0.05$）。提示同种异体-自体皮肤混合移植排异反应以 $CD8^+$ 淋巴细胞为主，而在大张同种皮肤移植排异反应中 $CD4^+$ 淋巴细胞起主要作用。

因此，可以得出以下结论：一般同种异体皮肤移植或异种皮肤移植免疫排斥反应过程中，主要细胞因子表达改变的最早时间为移植后 7d，其最高峰值应出现在 14d，21d 时移植创面将达到初步愈合。为此，建议将移植后的 7d、14d、21d 和 28d 作为动物皮肤移植是否发生免疫排斥反应的主要观察时间点，这些时间点同样适用于试验用近交系五指山小型猪皮肤移植鉴定。

第二节　近交系五指山猪皮肤自体和异体移植鉴定

为鉴定中国农业科学院北京畜牧兽医研究所经 20 余年培育的近交系五指山小型猪的科学性，笔者等利用 12 只雌性和雄性近交系五指山猪，开展了自体和异体皮肤移植试验。

创面大体观察表明，培育的近交系五指山猪自体和异体皮肤移植后 28d 内局部和全身未发生免疫排斥反应，即在 12 只公、母近交系五指山猪的自体和异体皮肤移植试验观察期间，取皮、植皮、缝合、打包、包扎固定整个手术过程顺利。所有近交系五指山猪均未出现呼吸、心率等生命指征异常，直到术后 28d 试验结束各组近交系五指山猪的体温、饮食也很正常，创面移植皮肤生长（黏附）良好，早期创面无明显感染，无红肿、溶解、脱落、坏死等不良现象。

两个试验组皮肤移植后的 7～14d，移植创面皮肤红润，表明皮肤建立血运良好，早期移植皮肤的存活率达 100%，移植创面无明显红肿、渗出、水疱、脱屑、脱落、溃疡、坏死等急性排斥反应现象。两试验组移植后与移植前

IL-2 和 IL-4 无显著性增加或降低，且两者间无显著性差异。组织学检查未见自体和异体移植皮肤在公、母五指山猪间有明显差异，但在术后 7d，自体和异体移植皮肤两组 $CD4^+$ 的表达有所增强，但组间无显著性差异。

移植 14d 以后，两试验组移植皮肤略变暗，但大体观察发现其存活率在 80%以上，且未见移植皮肤肿胀、渗出、水疱、脱屑、溶解、坏死等后期排斥反应明显体征，移植后各时间点 IL-2 和 IL-4 浓度的变化与移植前无显著性差别。两组全血淋巴细胞 $CD4^+$、$CD8^+$ 的比值在移植后 21d 和 28d 均较移植前显著降低，但两组间无统计学差别。上述结果表明，两组在移植后期也无明显的排除反应，自体移植和异体移植间无显著差别。

第五章 近交系五指山猪遗传特异性分子基础

第一节 近交系五指山猪基因组序列分析与鉴定

近交系五指山猪全基因组长度为 2.5Gb，共注释出 20 326 个基因，其中有 18 000 个基因和人等近源物种有同源关系，蛋白质的相似度达到 85%以上。其全基因组纯合度类似近交系小鼠，纯合度高达 60%，而非近交系动物仅能达到 8%～11%，证明近交系五指山猪培育成功；其基因组上有一个相对高水平的二倍体纯合性、不寻常的杂合性及过量的由 t-RNA 衍生的转座子，揭示了近交系五指山猪特异性分子遗传基础；研究证实其体型小、性成熟早，无猪 *RYR1* 基因，无猪应激综合征和恶性高热综合征；免疫代谢等基因与人类有较高的同源性等。此外还证实，近交系五指山猪内源性病毒 PERV-A、PERV-B 拷贝数较少，且没有 PERV-C 拷贝；与人类发现的 247 个心血管疾病基因相比较，近交系五指山猪仅缺少了 *ARMS2* 和 *CETP* 基因，其余基因和人的相似度约为 85%；在人的 1 624 个药物靶基因中，近交系五指山猪有 1 618 个与人类是同源的，而鼠、猕猴只有 1 616 个与人类同源。

近交系五指山猪约 60%基因区域高度纯合，说明其在近交过程中净化了杂合基因。但是对于进一步近交繁育少数基因杂合度不变的原因暂且不知，可能是隐形致死导致。对猪进行转座子研究有助于理解其遗传历史，缺少逆转录病毒基因减少了近交系五指山猪造成猪-人疾病传播传染的概率。全基因组测序研究结果，不仅验证近交系五指山猪全基因组基因高度纯合，验证近交系培育成功，而且一些独特的遗传学特征，解释了近交系五指山猪特异分子遗传基础。不仅利用研究数据和分子遗传学理论注释近交系猪种质特异性，而且从基因水平上证明近交系五指山猪是人类理想的动物模型和“替难者”，为今后在人类比较医学研究中的广泛应用提供了科学依据。

第二节　近交系五指山猪分子遗传基础研究

近交系动物具有较高的纯合度，可以作为研究遗传学的理想模型。纯合性（runs of homozygosity，ROH）分析显示，近交系五指山猪和非近交系猪基因组分别包含 61 个和 12 个纯合子区。在近交系中，有 56 个位点显示出恒定的杂合性（杂合度为 1），而在非近交系中杂合度为 1 的位点有 9 个。在 56 个杂合度为 1 的位点中，有 9 个位点位于猪的参考基因中。杂合性分布显示，有 22 个基因中的 76 个 SNPs 的杂合性在 6 代个体中呈下降趋势。22 个基因中，有 3 个基因（*FANCM*、*GCNT1*、*TXN*）与免疫排斥反应有关。

近交系五指山猪基因组中具有非常低的杂合率（$<0.001\%$）的基因组区域占基因组的 60%。在对近交系五指山猪遗传多样性评估的基础上，在过去几十年中已经出现了强大的近交选择，其中存在大量的在近交系个体中共享的 ROHs，这可能意味着这些 ROH 可以稳定传播，不需要重组。此外，在五指山猪中检测到的大部分 ROH 在一定程度上表明 ROH 区段可能包含参与选择的关键生物学功能的一些重要基因或区域。这些发现也可能表明，近亲繁殖已经从基因组中清除了大量的杂合性。另外，一些 ROH 只存在于非近交种猪群中，几个纯合基因组区域仅存在于一代个体中。这些区域可能是由于在近亲繁殖选择期间经过跨代重组的区域的复发 ROH 引起的。

目前，已有利用自交系五指山猪来研究侏儒症和近交系特征的分子机制，对五指山猪中生长激素受体（GHR）和增殖相关核因子 1（PANE1）的调查为了解侏儒症和免疫反应的分子机制提供了依据。尽管以前的研究已经在五指山猪中进行，但跨基因组全基因组分析的跨系代谢和非近交五指山猪将有助于我们了解近亲繁殖过程中纯合性和杂合性的模式。

经纯合度分析证明，分布于近交系五指山猪 18 对常染色体上的 50 418 个有效 SNPs 中，F_{20} SNPs 已被固定的比例高达 80.0%以上。随着世代的推进，几乎在所有的染色体上都有一些区域有规律地被慢慢固定，杂合度由大到小直至为0，而且这些区域随世代推进呈现变大趋势，这些现象都符合近交系动物特有的遗传规律。而海南省五指山猪群体几乎所有染色体区域均表现高度杂合，50 418个有效SNPs呈弥漫性、均匀性、无规律地分布于18个染色体上，与该近交系遗传基础本质不同。根据X染色体高度杂合区分析可以发现，近交系五指山猪6个世代96个样本染色体基因组中包含1 095个SNPs位点，虽有182个位点具有一定的多态性，但基因组纯合区高达83.4%；16个样本非近交系海南省五指山猪几乎无一纯合，两者遗传基础亦截然不同。由此，利用猪近交系鉴定基因组水平验证策略及手段，证明用海南省五指山猪培育出的近交系是一种新的遗传种质资源。

经杂合度分析证实，随近交世代的推进，SNPs杂合数也逐步降低，但平均基因组杂合度又趋于上升，各染色体之间杂合度又不相同，均有一定数量、长度不等的基因组区域随近交世代的递增逐步有规律地纯合，但部分基因组杂合区域却维持不规则的跳跃式动态。在近交系五指山猪6个繁育世代中，具有杂合度为1的位点48个，在各世代中呈不规律变化趋势；其中，有18个位点几乎在各个世代中杂合度均为1，这18个位点涉及的基因功能大致分为与细胞免疫相关的黑色素A、细胞增殖RNF150、糖代谢UGGT2、脂肪沉积ABHD5和听力CDH23（Cadherin 23）等。

多维尺度分析表明，维度C1可以将近交系五指山猪和海南省五指山猪对照组明显分开，近交系五指山猪明显聚集在二维度坐标的一角，而海南省五指山猪则相对零散地分布在维度C1的另一侧；运用STRUCTURE软件MCMC算法，对研究群体进行遗传混合评估、对单个样本的血缘关系进行似然评估分析发现，该近交系五指山猪不同世代具有均质的遗传关系，同时近交系五指山猪相对海南省五指山群体可以独立聚类成为一簇，能代表独特的遗传背景资源群体。

分析发现，其中7 646个SNP位点在F_{20}以上仍保持杂合，这些SNP位点能够映射到2 238个基因上。分析结果表明，80%以上的基因涉及代谢过程（共750个基因，占45%）和细胞过程（共643个基因，占38.6%）。这些基因是维持生命活动必须的，与全基因组测序取得一致性结果，再次揭示了没被近交过程所纯合的原因。进一步分析保持杂合的SNP位点发现，该近交系出现了杂合度为1的位点，而在对应的海南省五指山猪位点上没观察到，并且这种现象在近交系五指山猪各近交世代中仍呈不规律的、马赛克状变化趋势。这一发现再次证实，近交系五指山猪存有少量、部分永不纯合的等位基因，并且呈现马赛克形状不规律的变化。丰富了大型哺乳动物近交系遗传学理论与实践，为认识近交衰退、杂交优势利用等重大基础生物学问题提供了全新的视角，更为重要的是证明近交系五指山猪为一种新的猪品种。

第六章
近交系五指山猪内源性逆转录病毒研究与无传染性群体筛选

第一节　国内外小型猪内源性逆转录病毒研究进展

我国经过 30 多年的实验动物化培育已拥有多个小型猪封闭群和近交系，较国外其他种系有无法比拟的研发优势，如遗传稳定、基因纯合度高、耐近交、少量转基因动物即可扩群、易规模化生产等。随着最新基因修饰技术 CRISPR/CAS9 的出现及小型猪近交系的成功繁育，小型猪作为异种器官移植的努力有望得到历史性的突破。这都将推动其发展成适合医学生物移植辅料材料和人类异种移植的供体来源，从而解决人畜共患病毒与细菌的威胁。

一、内源性逆转录病毒的研究取得的重要进展

（一）内源性逆转录病毒基因结构与功能

大量研究已证实，内源性逆转录病毒（Porcine endogenous retrovirus，PERV）是 C 型 RNA 病毒，属哺乳动物逆转录病毒科（*Retroviridae*）逆转录病毒属（*Mammalian retroviridae*），以前病毒的形式整合在宿主基因组中，并随染色体的复制而复制。它最早是在 1971 年由 Armstrong 等在猪体内发现的一类内源性病毒粒子。PERV 的基因结构是单股、正链的二聚体，单体长7～9kb，两端是5′、3′非编码区（noncoding region），中间是 *gag*、*pol*、*env*3 个编码基因，分布在 XY 染色体在内的 14 条染色体上 22 个位点，每个位点都含

有不同PERV拷贝。5′端有甲基化帽结构，3′端有多聚A尾（poly A）。两端的长末端重复序列（long terminal repeat，LTR）具有真核启动子功能，可调控病毒转录、复制与整合。LTR结构在病毒感染中起到增强转录的作用，其重复序列次数越多，该病毒的感染能力越强。

（二）内源性逆转录病毒具有传播疾病的风险

自1997年Patience等首次报道从猪PK15细胞系中自发释放的PERV在体外可以感染人源细胞系以来，异种移植可能引发PERV在种间传播的潜在危险引起了人们的广泛关注。Kuddus等（2003）发现，PERV在体外能感染人的血管成纤维细胞、血管内皮细胞等，而且通过逆转录酶活性检测证明PERV在感染细胞内复制明显。猪的外周血单核细胞（peripheral blood monouclear cells，PBMCs）受到促有丝分裂刺激时均可以释放PERV颗粒，在体外可以感染猪和人的细胞系。PERV-A型、B型有较广泛的宿主范围，在体外可以感染多种细胞，包括貂、鼠及人的细胞系。当猪肾脏细胞与人细胞共同在体外培养时，整合进猪基因组内PERV可被激活；与PERV高度同源的鼠内源性逆转录病毒也可使长臂猿发生白血病，而PERV-C型在体外仅能感染两种猪细胞系和一种人细胞系。

（三）去除猪内源性逆转录病毒的研究进展

由于PERV不能通过在无特定病原体条件下饲养或者简单的异型杂交育种来消除，因此猪-人异种器官移植中仍潜在PERV种间传播和致病的风险。为解决这一难题，最初人们希望通过大规模的自然筛选来获得不携带PERV的阴性猪，但对所有猪进行检测发现PERV的携带率达到100%。之后人们借助免疫学、分子生物学等多种方法去除移植体内PERV前病毒，包括研发疫苗、抗体的免疫学方法，制备抗逆转录酶药物，RNA干扰技术，基因编辑技术等，但前几种方法收效甚微，无法完全去除病毒。

二、国内不同品系小型猪内源性逆转录病毒特异性研究

吴健敏（2005）采集了我国6个省（直辖市）10个单位、7个品种、17个猪群的348份外周血样品，通过PCR检测发现，我国小型猪基因组中普遍存在PERV，其阳性率达100%。其中，A亚型为74.43%、B亚型为

95.40%、C亚型为30.46%，没有筛选到无PERV的阴性猪个体。PERV主要结构蛋白基因*gag*、*pol*、*env*不仅在小型猪基因组中存在，而且都能够转录为RNA。除了部分群体检测不到PERV-C亚型病毒的表达外，大部分群体A、B亚型病毒都能够检测到（巴马小型猪除外），近交系五指山猪等品系中A亚型的表达率高于B亚型。这是国内外首次对小型猪种PERV存在与表达情况的大规模检测，为我国后续研究奠定了基础。

章金刚研究团队以4株近交系五指山小型猪的猪源细胞为模型，建立了检测PERV整合存在和分型检测的PCR技术，以及PERV表达的RT-PCR技术，并对其特异性、敏感性等进行了研究，即基于SYBR GreenⅠ染料的荧光定量PCR技术来检测猪基因组中整合的PERV拷贝数，成功克隆并鉴定了中国近交系五指山小型猪来源的PERV前病毒全基因，了解了来源于我国特有小型猪的PERV与世界不同地区小型猪的PERV进化关系。在此基础上构建了相应的真核表达载体，采用基因免疫的方法接种BALB/C小鼠，筛选获得了特异性的单克隆抗体杂交瘤细胞株并对单抗进行了系统鉴定，建立了PERV免疫学检测方法。随后，何凯等（2008）、刘广波（2012）先后以中国农大小型猪、海南省五指山猪、藏猪、香猪、巴马香猪等为材料开展了PERV免疫学检测方法等研究。

章金刚团队利用pA3F过表达及RNA干扰等手段，通过qPCR及ELISA方法对*PERV-pol*基因的mRNA及PERV逆转录酶变化进行检测发现，在pA3F过表达的PK15细胞中*PER-pol*基因的mRNA与PERV逆转录酶水平与对照相比显著降低（$P<0.05$），在转染30μg pA3F表达载体的试验组改变最显著；在pA3F下调细胞中*PERV pol*基因mRNA与PERV逆转录酶水平与对照组比较显著提高（$P<0.05$），其中以沉默pA3F的740～764bp的序列最有效，*pol*基因mRNA增长（4.172±0.251）倍，逆转录酶达到（88.58±1.46）pg/孔。试验结果说明，PK15细胞中pA3F对PERV的复制具有抑制作用，这为今后防止PERV感染提供了技术方法。

魏红江教授与美国马萨诸塞州的eGenesis公司Church教授、杨璐菡博士合作，利用CRISPR/Cas 9基因操作新技术，进行*PERV*基因敲除猪供体的研究，繁殖出的37头猪中PERV序列已经全部失活，4个月后有15头健康成活。这一成果被誉为异种器官移植研究中里程碑的贡献，使停滞12年之久的异种器官移植迎来了春天。

第二节　近交系五指山猪内源性逆转录病毒无传染性的筛选与鉴定结果

器官移植是中晚期器官衰竭患者重要的治疗方法，为解决临床供体短缺问题，人们将目光投向了异种移植。猪在生理学特性、器官匹配度等方面与人类极为相似，且具有繁殖率高、遗传性状稳定等特点，是最适合异种移植的供体。所有猪源细胞均存在 PERV，其完整的病毒粒子可释放到胞外。它以前病毒、多拷贝方式整合在宿主基因组中，不能用常规培育无特定病原体（specefic pathogen free，SPF）猪、免疫抑制等方法去除。已证实，PERV 可在体外感染多种人源细胞，且与致瘤性的鼠白血病病毒（Murine leukemia virus，MLV）、猫白血病病毒（Feline leukemia virus，FeLV）等 C 型逆转录病毒有相似的整合方式，这些都引起人们对异种移植诱发人兽共患病的担忧。PERV 是猪源器官移植中最重要的病原体之一，如何获得无 PERV 的安全供体是研究者们亟待解决的问题。

最初人们想通过筛选获得供体基因组中不存在 *PERV* 基因的猪，对不同地区不同猪种进行检测时发现 PERV 存在于所有猪种的基因组中，但有些病毒粒子在体外能够感染人源细胞，而有些不能。近年来研究者们也尝试采用不同的方法去除 PERV，以期降低 PERV 感染的风险。RNA 干扰技术（RNA interference，RNAi）凭借其特异性高、稳定性强、同时作用多个靶点等特点得到了广泛的应用，本实验室前期设计的 Stealth 小干扰 RNA（siRNA）序列可有效抑制 PK15 细胞中的 PERV。随着针对 γ 逆转录病毒（如 MuLV 和 FeLV）的有效疫苗问世，人们也想通过制备 PERV 相关疫苗来预防其传播。载脂蛋白编辑酶催化样多肽（apolipoprotein B mRNA editing catalytic polypeptide，APOBEC）家族是宿主体内存在的天然抗逆转录病毒的因子，猪体内存在的 APOBEC3F 与 APOBEC3G 对 Vif 蛋白缺陷型的 HIV 具有很好的抑制作用，可为抗逆转录病毒药物研发提供很好的思路。

日益成熟的基因编辑技术被越来越多地运用到 PERV 的研究中，但随着研究的深入人们也发现了该技术的局限性，如锌指核酸酶技术（ZFN）的靶向限制、模块组建后不能切割染色体、脱靶切割会导致细胞毒性、转录激活子样效应因子技术（TALEN）无法避免脱靶效应等，这些都限制了该技术的发展。尽管杨璐菡团队用 CRISPR/Cas 9 技术成功敲除了 PK15 细胞中全部 62 拷贝的 *PERV-pol* 基因，但这项研究缺乏长期监控，远期的病原安全性不明，且不确定敲除的基因对猪个体本身的生物学功能是否有影响。我国近交系五指山小型猪遗传背景清晰，是由两头五指山小型猪为祖系，持续采用同代之间或亲代与子代之间交配等方式，历经 30 年培育出的国际首个近交系猪，最高能达到 F_{26}。该近交系采用合理的饲养方法逐渐克服了产仔量少、不易存活、后代畸形等难题，且 PERV 拷贝数低，因此有望通过在近交系培育基础上结合自然筛选来获得 PERV 缺陷型猪，从而构建出安全、经济、供异种移植的新品系。

第三节　近交系五指山猪内源性逆转录病毒无传染性分子遗传鉴定及种群培育

ERV 的来源方式是被感染的亲代将逆转录病毒的前病毒作为遗传元件传给后代，多为缺陷型。在 PERV 的各个拷贝中，多数是由于碱基序列的突变或缺失导致开放阅读框（open reading frame，ORF）断裂，仅少数完整全长序列可翻译出具有传染性的病毒。PERV 的 *pol* 基因是参与病毒生成最重要的区域，编码整合酶协助前病毒基因组向宿主染色体整合，逆转录酶促进新的 DNA 链合成，蛋白酶参与病毒翻译后加工。分析五指山猪 452 全基因组数据发现，PERV-pol 的序列均不是完整的，唯一含有 *gag*、*pol*、*env* 基因的 scaffold5028 中 3 个结构基因均提前终止。由此鉴定出近交系五指山猪 452 是 *PERV-pol* 基因缺陷型猪。

近交系五指山小型猪种 *PERV-pol* 基因缺陷的原因可能是在长期近交培育中部分基因片段发生丢失。随着每一代近亲繁殖，该近交系遗传纯合度增加，等位基因数量减少。首次对近交系五指山猪基因组测序后发现，全基因组纯合度达到 60%以上，这从理论方法证实了基因片段在近交过程中会发生丢失。

近交系 PERV 无传染性新品系已初步建立，但目前在做好其繁育、迅速扩群的同时，应开展其分子遗传机理研究，掌握其遗传规律，为培育近交系 PERV 无传染性新品系提供技术支撑。为此，下一步应对转录组进行分析，从而获得更多的试验数据来验证结论；为避免二代测序技术产生的拼接问题，应考虑三代测序技术。从长远来看，将继续对无传染性近交系五指山猪进行鉴定，对其病原安全性有远期监测；更应该扩大鉴定范围，以其建立起*PERV-pol*基因缺陷型、无传染性近交系五指山小型猪，为临床提供异种移植供体的新品系。

目前，第一批筛选出、包括 F_0、F_1 的 43 头 PERV 无传染性近交系五指山猪种猪，已分圈饲养、配种、产仔、扩群，将为开发利用提供理想供体材料奠定基础。

第七章 近交系五指山猪器官解剖学数据测定

有关近交系五指山小型猪生理解剖、器官生长发育已有很多报道，多半涉及器官形态描述及位置。但随着小型猪开发应用的深入开展，如血管替代品及异种移植，心脏、肝脏、肺脏、肾脏等异种移植研究及临床应用，急需清楚地知道各个不同器官大小及位置等。为此，现将相关研究首次整理发表，供研究使用和参考，所提供的数据和资料将会对异种生物敷料研发、动物疾病模型等研究有着重要的参考价值和研究意义。

第一节 近交系五指山猪消化呼吸系统

近交系五指山猪舌位于口腔底壁，呈长条状，粉红色，2 月龄时长约 10.5cm，4 月龄时长约 12.8cm，成年时长、宽、厚母猪分别为 18.5cm、5cm 和 2.6cm，公猪分别为 18.6cm、4.8cm 和 2.1cm。齿面平整，第 1、2 对切齿间隙较大，第 3 对切齿较尖，与前面两对切齿间距较大，犬齿位于齿槽边缘。

成年母猪左腮腺重 51.33g，右腮腺重 104.06g；成年公猪左腮腺重 88.82g，右腮腺重 86.12g。

一、咽

咽是一个狭长的肌性管道，位于第 1～2 颈椎腹侧，有前壁、后壁和侧壁之分。前壁不完整，与口腔、鼻腔及喉腔相通，咽腔分别以软腭和会厌前缘为界分为鼻咽口咽和咽喉。成年母猪会厌长 3cm。

二、食管

食管前段位于气管背侧，向后延伸逐渐转到气管的腹侧。2 月龄时长约 18cm，未进食时始段管径约 0.6cm、中段管径约 0.4cm、末端管径约 0.46cm；4 月龄时长约 23.5cm，始段管径约 1.2cm、中段管径约 1cm、末端管径约 10.5cm。始段管径比末端管径大。

三、胃

胃位于腹腔左前部，肝的后方，大部分位于左肋部。前至第 8 肋骨相对处，后至最后肋骨的后方。胃与其他脏器的位置关系因充盈程度不同而变化。

2 月龄时空胃重约 81.5g，空胃长约 9cm，最宽处约 7cm，胃壁厚约 0.216cm；4 月龄时空胃重约 189g，空胃长约 15.5cm，最宽处约 9.1cm，胃壁厚约 0.246cm。成年母猪空胃重约 386.86g，空胃长约 21.4cm，最宽处约 14.1cm，胃壁厚约 2.2cm；成年公猪空胃重约 380g，空胃长约 20cm，最宽处约 10.3cm，胃壁厚约 4.3cm，

四、小肠

小肠全长 2 月龄时约 6m，4 月龄时约 8m，成年母猪 3.13m，成年公猪 8.4m。小肠分为十二指肠、空肠和回肠。

十二指肠较短，2 月龄时长约 17cm，4 月龄时长约 40cm。

空肠位于腹腔右侧，胃的后方，结肠圆锥的右侧，向后至骨盆腔口，前接十二指肠，后与回肠相接。2 月龄时长约 5.7m，4 月龄时长约 7.7m。

回肠短而直，肠壁较厚，在盲肠肠腔内形成回盲瓣。2 月龄时长约 7cm，4 月龄时长约 12cm。

五、大肠

2 月龄时全长约 1.8m，4 月龄时全长约 2.5m，分为盲肠、结肠和直肠。

盲肠最粗，表面有 3 条纵肌带。2 月龄时长约 14cm，4 月龄时长约 19cm；成年母猪长约 20.5cm，成年公猪长约 17cm；成年母猪直径约 6.8cm，成年公猪直径约 7.5cm。

结肠位于胃的后方。2 月龄时长约 1.4m，4 月龄时长约 2.2m；成年母猪

长约 3.44m，成年公猪长约 3.06cm；成年母猪直径约 6.5cm，成年公猪直径约 4cm。横结肠在肠系膜根前方由右侧延伸至左侧，在胰左叶左端前缘处向后移行折弯成降结肠。

直肠位于骨盆腔内，较短，肠壁较厚，沿耻骨联合的背侧向后延伸至肛门处。前、后段细，中段粗，有直肠壶腹。2 月龄和 4 月龄时长度基本一致；成年母猪长 53cm，成年公猪长 26cm；成年母猪直径约 4.2cm，成年公猪直径约 5cm。肛门不向外突出，黏膜形成纵行皱襞。

六、肝脏

在活体时肝脏呈红褐色，质软而脆，呈不规则的圆角梯形。2 月龄时重约 325g，体积约 345mm^3；4 月龄时重约 406g，体积约 392 345mm^3；成年母猪肝脏重约 750g，体积约 1 782 000mm^3；成年公猪肝脏重约 810g，体积约 1 431 000mm^3。

肝脏有两个面，两个缘。两个面即膈面和脏面，两个缘即背侧缘和腹侧缘。肝脏膈面较隆凸，与膈及腹前壁相接触；脏面较凹，与胃、十二指肠等内脏相邻。肝脏可分 5 个叶，即左外叶、左内叶、右外叶、右内叶和中间叶；中间叶又分两个叶，位于肝门背侧的为尾叶，位于肝门腹侧的为方叶。方叶较小。右内叶较大，其后缘到达右肾上腺和肾静脉前缘。左外叶最大，占整个肝的 1/3 左右；尾叶最小，在方叶和右内叶之间有明显的切迹；右内叶上有明显的右外叶压迹，尾叶完全移至右侧。肝门位于肝脏面的中部，是门静脉、肝动脉、肝管、神经、淋巴管出入肝脏的门户。肝小叶间结缔组织发达，肉眼可清楚地看到肝小叶之间的分界。胆囊位于方叶与右内叶之间的胆囊窝里，呈长梨形。与其他品种猪不同的是，近交系五指山小型猪的胆囊突出到肝的腹侧缘，方叶无切口，右内叶游离缘有一切口。肝门淋巴结左侧 4 个，右侧 1 个。

肝管位于胆囊管近肝门处的左侧，管径较细，约 2.1mm，成年猪肝管长约 9.6cm。胆总管位于胆囊管近肝门处的右侧，管径较粗，约 5mm。成年猪胆总管重约 1.5g，长约 6cm。胆囊管与肝管在肝门处相交汇入胆总管，胆囊管嵌入右内叶的胆囊管沟中，长约 5cm，起始处外径约 1.5mm。

七、胰

胰在 2 月龄时略呈淡红色，4 月龄时呈灰黄色，位于最后两个胸椎和前两个腰椎的腹侧、胃的后方。2 月龄时略成三叉形，4 月龄时接近三角形，成年猪为长条状。成年母猪胰重约 21.35g，成年公猪胰重约 1.89g。胰分为左叶、右叶、胰头和胰体。胰头钝圆，略偏于右侧，其右侧缘和胰右叶位于十二指肠的折弯处，胰头左侧向左后方延伸，腹侧接近左肾前缘。左、右叶和胰头中间的部分为胰体，胰体较细，其中有门静脉环，门静脉从中间通过。胰管起自与胰右叶，从胰右叶末端通入十二指肠前段，距幽门处约 1.5cm。胰重在 2 月龄时约 16g，4 月龄时约 28g；4 月龄时胰纵径长约 9cm，横径长约 11cm。

3 个鼻道在鼻孔后部形成总鼻道，4 月龄时鼻腔总长约为 8.1cm，左、右鼻孔直径约为 1cm，公猪鼻腔比母猪的稍长。声带附着，称声带突；杓状软骨前端背侧向上突起形成小角软骨；会厌软骨位于喉的最前端，甲状软骨前缘上方，呈弧形片状，游离缘较钝圆，弯向舌根，吞咽时会厌关闭喉口，防止食物误入气管。

八、气管和支气管

气管始端位于食管下方，向后逐渐延伸到食管上方，上接环状软骨，以一系列 C 形的软骨为支架，通过环状韧带连接形成长圆筒状管道；前端与喉相接，后端在胸部两肺的前缘内侧主动脉弓平面分出一条支气管进入右肺尖叶，然后下行约 10mm 分出左、右主支气管。2 月龄时气管全长约 9.5cm，管径约 0.72cm，软骨环数为 28 个；4 月龄时气管全长约 16.2cm，管径约 1cm。气管内衬黏膜，能分泌黏液，有湿润空气、黏附异物的作用。气管两侧有颈静脉、颈动脉和迷走神经伴行。左主支气管位于左肺尖叶中后部，右主支气管位于右肺纵隔面肺门中部偏后。

九、肺

肺位于胸腔内，纵隔的两侧，呈半圆锥体。正常情况下活体肺呈粉红色，位于纵隔两侧，半圆锥形，左右各一，表面有浆膜。柔软富有弹性，分肺尖、肺底、3 个面和 3 个缘。肺尖超前与锁骨相邻，肺底向后与膈相接触。肺有 3 个面，即肋面、膈面和纵隔面。肋面有前的肋骨压迹，膈面与膈相贴，纵隔面与纵隔相贴，其上有心压迹，左肺心压迹比右肺大。纵隔内有肺门，肺门是肺动脉、肺静脉、支气管、神经出入肺的门户。右肺门有 8 个大小不等的肺静脉开口，右肺动脉位于肺门中部；左肺门有 6 个大小不等的肺静脉开口，左肺动脉在肺尖叶内侧后方，在左、右肺门的后方有食管压迹。肺有 3 个缘即背侧缘、腹侧缘和底缘。背侧缘钝圆，位于肋锥沟中；腹侧缘薄而锐，位于肋骨与胸骨交界的沟内；底缘也较薄，位于膈与胸壁之间的肋膈隐窝内。

右肺通常比左肺大。右肺分 4 个叶，即尖叶、心叶、膈叶和副叶，副叶又分成两个叶。左肺分 3 个叶，即尖叶、心叶和膈叶。右肺尖叶腹内侧面肺门前方为心压迹，尖叶较左肺尖叶大，尖叶后界有一深裂与心叶分开，尖叶较薄锐，心叶近似三角形，较尖叶厚；膈叶最大，与心叶有长的深裂分开；副叶位于肺门后方、膈叶的内侧，有两个小叶组成，右侧副叶较左侧副叶小；左肺尖叶较右肺尖叶厚，近似锥形，后界有一短的深裂与心叶分开，尖叶上有深而大的心压迹，心叶近似长方形，通过后界的深裂与膈叶分开，膈叶较右肺膈叶稍大。

肺由被膜和实质构成，被膜为肺表面的一层结缔组织膜，又称肺胸膜，在肺膈叶背侧缘深入到肺实质，将肺实质分成许多肺小叶。肺小叶结缔组织发达，形成肉眼可见的明显肺间质。

成年母猪肺胃重约 420g，长约 18.2cm，最宽处约 9.8cm，厚约 5.8cm；成年公猪肺胃重约 360g，长约 18.2cm，最宽处约 17cm，厚约 5cm。

第二节　近交系五指山猪泌尿系统

一、肾脏

近交系五指山猪 2 月龄时左肾长约 7cm、宽约 3.3cm、厚约 1.8cm，右肾长约 6.8cm、宽约 3.2cm、厚约 1.7cm，左右肾总重约 67.6g，总体积约 66mm^3；4 月龄时左肾长约 7.9cm、宽约 4.1cm、厚约 2.1cm，右肾长约 7.8cm、宽约 3.4cm、厚约 2.0cm，左右肾总重约 96g，总体积约为 88mm^3；成年母猪左右肾总重约 128.855g；成年公猪左肾长约 8.5cm、宽约 5.4cm、厚约 2.5cm，右肾长约 8.6cm、宽约 5.8cm、厚约 2.6cm，左右肾总重约 166.65g，总体积约244 438 mm^3。肾可分两个面，两端和两个缘。肾背侧面紧贴胸腰椎，腹侧面与胃、肠等内脏器官相接触；肾前端尖而圆，后端较前端钝而圆；左、右肾外侧缘均圆、凸，但左肾比右肾更凸，内侧缘有一凹陷，是肾动脉、肾静脉、淋巴管、血管和神经出入肾的门户。左、右肾门内陷度不同，2 月龄时左肾门内陷度约为 8mm，右肾门内陷度约为 6mm；4 月龄时左肾门内陷度约为 10mm，右肾门内陷度约为 7mm。肾门向肾实质深入，形成肾窦，是由肾实质围成的腔隙，其内有肾动脉、肾静脉的分支，以及肾盂、肾盏、血管、神经等。

肾是实质性器官，从腹外侧正中线剖开可看到实质分成许多肾叶，每个肾叶又分皮质和髓质，各肾叶皮质间结缔组织不明显，髓质间结缔组织较明显，皮质位于实质的外部。2 月龄时厚约 7mm，4 月龄时厚约 9mm。新鲜的肾呈红褐色。髓质位于实质的深部，呈圆锥状，又称肾锥体，每个肾有7～8 个肾锥体，锥体基部朝向皮质，尖部朝向肾窦，称肾乳头。肾乳头凸向肾盏内，被肾盏所包绕，所有肾盏最后集合形成肾盂。4 月龄时肾盏内径约为 1.5mm。肾盂为漏斗状，在肾门处移行为输尿管。

肾动脉是腹主动脉发出的分支，进入肾门后分出两大支，在肾实质内再分支成叶间动脉；叶间动脉向肾的皮质部延伸，在皮质与髓质交界处形成弓形动脉；弓形动脉再分支形成小叶间动脉；小叶间动脉在肾皮质肾小体入口形成入球小动脉；入球小动脉再分支形成肾小球，最后汇合形成出球小动脉出肾小囊；出球小动脉继续分支形成毛细血管网，围绕在肾小管周围，最后汇集形成肾静脉出肾；肾静脉在肾门的位置略靠前，肾动脉靠后。

二、输尿管

输尿管是将肾生成的尿液收集运送至膀胱的管道，位于腰肌两侧，起自肾门，沿腹腔顶壁腰肌的腹外侧向后延伸，横越髂外动脉进入盆腔。公猪输尿管在盆腔中与输精管交叉，到达膀胱背侧，斜穿过膀胱背侧壁开口于膀胱；母猪输尿管在盆腔内侧沿子宫阔韧带背侧向后伸延，最终开口于膀胱背侧。2 月龄时输尿管长约 11.3cm。左输尿管前段外径约 3mm，后段外径约 2.8cm；右输尿管前段外径约 2.1mm，后段外径约 1.1mm。4 月龄时左输尿管前段外径约 3.2mm，后段外径约 2mm；右输尿管前段外径约 3mm，后段外径约 2.1mm；成年母猪输尿管长约 20.3cm，成年母猪输尿管长约 22.5cm。

三、膀胱

膀胱为囊状，充满尿液后呈梨形，在母猪位于盆腔前部，公猪位于精囊腺的前下方。2 月龄时长约 3.8cm、宽约 2.7cm；4 月龄时长约 4.8cm、宽约 3.2cm；成年母猪长约 7.6cm、宽约 4.2cm、厚约 0.9cm、重约 24.94g；成年公猪长约 5.6cm、宽约 6cm、厚约 0.8cm、重约 25.9g。膀胱前端钝圆为膀胱顶，后段变细为膀胱颈，膀胱顶与膀胱颈之间的部分为膀胱体。膀胱颈向后延伸接尿道，膀胱空时黏膜深部的肌层收缩会形成许多皱襞，但在输尿管入口和尿道出口处的三角区不形成皱襞，称膀胱三角。在膀胱两侧与盆腔侧壁之间有膀胱侧韧带，其有固定膀胱的作用。

第三节　近交系五指山猪公猪生殖系统

一、睾丸

近交系五指山猪 2 月龄时睾丸长约 5.4cm、宽约 2.3cm，4 月龄时睾丸长约5.6cm、宽约 29cm，两睾丸重约 25g；成年公猪睾丸长约 8.9cm、宽约5.25cm，两睾丸重约96g。睾丸可分头、体、尾三部分。血管进出的一端为睾丸头，紧贴附睾头，另一端为睾丸尾，中间为睾丸体。

二、附睾

附睾呈新月形，非常发达，附着在睾丸上，是暂时储存精子、进一步成熟精子的场所。附睾分为头、体、尾三部分。头膨大，呈锥尖钝圆的圆锥体，附着于睾丸的头端，由睾丸输出小管盘曲而成；附睾体较细，附着在睾丸中部，主要由附睾管组成；附睾尾附着于睾丸的尾端；2 月龄时较小，与附睾头大小一致；4 月龄时非常发达，相当于 2 月龄时的 2～3 倍。

三、输精管和精索

输精管是附睾管的延续，是将成熟的精子运送到阴茎部尿生殖道的管道，起始于附睾尾，沿附睾体至附睾尾附近，经腹股沟管进入腹腔，再向后进入盆腔。2 月龄时输精管长约 12.4cm，始段外径约 2mm、末端外径约 1.6cm，管壁较厚，肌层发达。

精索位于睾丸上端和腹股沟管腹环之间，为一前窄后宽的扁锥形。睾丸上端的精索基部较宽，到腹环处变窄，其表面包有固有鞘膜，从阴茎“乙”状弯曲的前方沿鞘管升向前上方，其内包有输精管、血管、淋巴管、神经和平滑肌。成年公猪精索重约 26g。

四、阴囊

阴囊为皮肤带状囊，其外表面形成许多皱襞，位于肛门腹侧，不向外突出。阴囊壁的结构由内向外依次为皮肤、肉膜、精索外筋膜、提睾肌和鞘膜。

五、副性腺

精囊腺位于膀胱前上方与直肠之间，呈三角形，粉红色。2月龄时较小，4月龄时特别发达，长约3.3cm、宽约1.9cm、厚约8mm。分左、右两个主叶，每个主叶又分许多小叶，每个小叶各有输出管，最后形成总输出管，于输精管末端外侧向内侧行走，在前列腺的前上方腹侧与输精管末端汇合开口于精阜后方。

前列腺位于膀胱颈与尿道起始部背侧正中处，被两侧精囊腺所遮盖，呈三面锥体形，前端较宽大，后端较小，2月龄时较小，4月龄时较发达。其腹内侧凹陷，包裹在膀胱颈与尿道起始部。

尿道球腺位于尿道骨盆部的末端，坐骨弓附近，成对存在。2月龄时较小，4月龄时呈长圆柱状；长约10cm，中部宽约2cm；前端相对较小，后端宽而钝圆，中间内侧夹有尿生殖道。成年公猪副性腺重约65.67g。

六、阴茎和包皮

阴茎位于腹腔后部腹壁正中处，是排尿、射精、交配的器官，可分为阴茎头、阴茎体和阴茎根三部分。阴茎根起自坐骨弓，经左股、右股之间向前延伸至脐部；阴茎体为阴茎头和阴茎根之间的部分；阴茎头不呈明显的头状，而是呈螺旋状弯曲。阴茎主要由两侧的阴茎海绵体和中间的尿生殖道阴茎部组成。

包皮为包在阴茎头外的皮肤，为双层的管状，外层由腹壁的皮肤形成，自包皮口向内折转围绕在阴茎头的后方形成包皮内层，以保护阴茎头。成年公猪阴茎重约70g，长约39cm。

第四节　近交系五指山猪母猪生殖系统

一、卵巢

卵巢是成对的实质性器官，左右各一个，位于荐骨岬两侧稍后方。2月龄时左侧卵巢呈蚕豆形，右侧卵巢近似多角菱形，粉红色；4月龄时卵巢变膨大呈小葡萄状，包于卵巢囊内。左侧卵巢距左肾约3cm，右侧卵巢靠前，距右肾约2.2cm。每侧卵巢的前端为输卵管端，与输卵管相连；后端为子宫端，借助卵巢固有韧带与子宫角相连。整个卵巢借助腹侧的卵巢系膜系于腰下部、骨盆腔前口。

卵巢的结构可分为被膜、实质和髓质。被膜又包括生殖上皮和白膜，生殖上皮覆盖在卵巢的最外层，其内层为致密结缔组织构成的白膜。卵巢皮质在外、髓质在内，皮质部包含基质、不同发育阶段的卵泡、闭锁卵泡和黄体；髓质是疏松结缔组织，其中包含血管、淋巴管、神经等。

二、输卵管

输卵管是连接卵巢与子宫角之间的弯曲管道，可分为输卵管漏斗部、输卵管壶腹部和输卵管峡部。输卵管漏斗部是输卵管的最前端，接收由卵巢排出的成熟卵泡，在其中央有一小口，称输卵管腹腔口，与腹腔相通；自输卵管腹腔口至漏斗边缘的黏膜形成许多指状突起，称输卵管伞，遮盖在卵巢表面，4月龄时漏斗口的直径约为2.6cm；输卵管壶腹部是漏斗部以下的部分，较膨大，是受精的场所，其长度约占输卵管全长的2/3，4月龄时外径约为4.1mm；输卵管峡部是输卵管最细的部分，短而直，其末端通过峡部的子宫口与子宫角相连，4月龄时外径约为2.3mm。

三、子宫

近交系五指山小型猪的子宫与其他猪种一样，属于双角子宫，可分为子宫角、子宫体和子宫颈三部分。2月龄时子宫较小，大部分位于盆腔内；4月龄时变大，大部分位于腹腔内。小部分位于盆腔内。其腹侧为膀胱，背侧为直肠，借助子宫阔韧带附着于盆腔侧壁上。子宫阔韧带又称子宫系膜，为左右对称、宽阔的双层腹膜皱襞，连接子宫角和子宫体。另外，近交系五指山小型猪的子宫系膜还连接子宫颈。

子宫角长而弯曲，2月龄时较小，4月龄时非常发达。左侧子宫角比右侧的稍长，前端以输卵管峡部的子宫口与输卵管相连，后端向后延伸至子宫体。子宫角前端较细，2月龄时与输卵管峡部不易区分，后端则较粗。两侧子宫角弯曲后末端靠拢并合成子宫体。子宫体较短，呈短圆柱状，4月龄时长约2.3cm。子宫颈为子宫体与阴道之间的部分，4月龄时长约5.4cm、外径约1.3cm，前接子宫体、后接阴道。

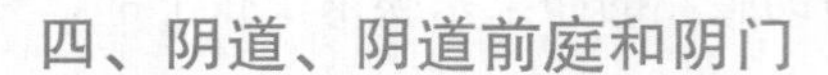

四、阴道、阴道前庭和阴门

阴道位于直肠末端的腹侧，左右较窄，呈扁管状，是胎儿娩出的通道，与子宫颈之间没有明显的界线，后端与阴道前庭相通，其交界处位于尿道外口的背侧。近交系五指山小型猪与其他猪种一样没有子宫颈阴道部，故也无阴道穹隆。

阴道前庭是用于交配的器官，左右较扁，呈缝状；前接阴道与尿道，后通过阴门与外界相通。

五、乳房

乳房位于腹壁正中线的两侧，分成两列，每列有4～5个乳头；临产前乳房膨大，呈长面包状。

第五节　近交系五指山猪心脏

一、心脏的位置和形态

心脏为红褐色，桃状，是血液循环的动力，为中间空的肌性纤维性器官，外有心包包裹，从前上方向后下方斜卧于纵隔内，左、右肺尖叶之间，位置略偏向左侧；约2/3位于胸腔躯体正中线左侧，1/3位于躯体正中线的右侧。心底部到达第3肋骨前缘，心尖部到达第7肋骨后缘，心尖偏向左侧，距膈约3cm。

心呈左右稍扁的倒立圆锥形，可分为一底、一尖、二缘和四面。心底部即心上部，朝向前上方，与出入心脏的大血管相连，位置较固定。心尖是心脏下部较尖的部分，位置不固定。在心脏靠近心底部有环形的冠状沟，此是心房和心室的分界，而在心脏左、右侧面各有一条斜行的沟，将左、右心房和左、右心室分开。心的两缘即前缘和后缘，心脏前缘较隆凸，与胸骨的弯曲度大致相似，心脏后缘较短而直。心脏有4个面即左侧面、右侧面、背侧面和腹侧面。从心脏左侧面看，前上部约2/5为左心房，其右后方为右心房，下部3/5为左心室，左心室较大，几乎将右心室遮盖；从心脏右侧面看，其上部为右心房，下部2/3为右心室；从心脏的前背侧面看，主要有出入心脏的大血管及左右心房；从心脏的后腹侧面看，主要是左、右心室，左、右心房只看到很少一部分。4月龄时心脏长径约7.8cm，横径约5.9cm，空心重约78g。成年母猪心脏重约160.84g，成年公猪心脏重约174.12g。

二、心脏构造

心脏有4个纤维性环，分别位于主动脉口、肺动脉口、左房室口和右房室口，其上都附着相应的瓣膜。纤维环主要是由致密结缔组织构成，坚韧而有弹性，起保护和稳定心脏的作用。

心内膜衬于心脏腔的内表面，参与形成心脏的瓣膜，为单层扁平上皮，其表面为一层光滑的内皮细胞，这非常有利于心腔内血液的流动。

心肌是心壁最后的部分，内有心内膜，外有心外膜，主要由心肌纤维和心肌间质构成。心肌纤维可分为三层，在不同层之间的走向不同，位于最内层的心肌纤维呈纵行排列，中间层的呈环形排列，最外层的斜向排列，心肌纤维的这种排列方式有利于防止心脏过度扩张。心肌间质是一层结缔组织填充在心肌纤维之间，其中含有血管、淋巴管、神经等，主要是供给心脏营养。

心外膜位于心壁的最外层，覆盖心肌层和心底部大血管根部的表面，是心包的脏层，表层为间皮，间皮下为一层薄的疏松结缔组织，含有较多脂肪。

三、心包

心包为包在心脏外面的锥形囊，透明色，由两层组成，外层为纤维层，内层为浆膜层。浆膜层又分两层，即壁层和脏层。壁层位于纤维层里面、脏层的外面；脏层则紧贴心肌层，为心脏的外膜。浆膜脏层与壁层之间有一腔隙，称为心包腔，内有少量浆液，有利于润滑心脏，减少心脏活动时的摩擦。

第六节　近交系五指山猪免疫系统

一、胸腺

胸腺分为两部分，分别位于颈部和胸部，呈扁平的椭圆形，粉红色。成年母猪胸腺长约2.3cm、宽约1.5cm、厚约0.6cm、重约2.49g；成年公猪胸腺长约1.6cm、宽约1cm、厚约0.5cm、重约1.18g。颈部胸腺几乎全部位于气管两侧，向前可到达喉部，向后在颈胸交界处变细；其外侧面被胸头肌所覆盖，内侧面与胸骨甲状肌相邻。胸部胸腺位于胸腔前部纵隔内，向后到达心底部。2月龄时胸腺较小，4月龄时相当发达。

位于颈部的胸腺可分为左侧胸腺和右侧胸腺，每侧胸腺都分为两个叶。两侧胸腺形状不一致，右侧胸腺较发达，呈带状，左侧胸腺呈片状。颈胸部胸腺交界处变细，呈细索状，弯曲进入胸阔前口与胸部胸腺相连。胸部胸腺又分为左叶、右叶和中叶。左叶较薄，形状不规则；右叶较厚，呈叶片状；中叶较短，连接左、右叶。

二、脾

脾是猪体内最大的淋巴器官，位于腹腔前部，胃大弯的右侧，呈扁椭圆形，红褐色。近交系五指山猪2月龄时一端较薄，呈片状；另一端钝圆，呈三面锥形，中间部宽度与两端几乎相同。4月龄时较薄的一端变厚变窄小，呈扁面包状；另一端变成近似三角锥体形，中间部比两端宽许多。脾有两个面和两个缘，两个面即壁面和脏面。壁面即外侧面，较平整；脏面即内侧面，较隆凸，在凸顶正中沿脾的纵轴有一条沟，其内有进出脾的血管、淋巴管和神经，是脾门所在。两缘即前缘和后缘。前缘凸，较薄锐；后缘凹，较钝，两缘的边缘都较平整和光滑。

脾的外表面被覆一层结缔组织被膜，被膜深入到脾的实质形成许多小梁，血管、淋巴管、神经等随小梁进入脾内。2月龄时脾长径约12cm，左端宽约2.5cm，右端宽约2.2cm，中间宽约2.4cm；4月龄时脾长径约14.7cm，左端宽约2.3cm，右端宽约1.9cm，中间宽约3.1cm。成年母猪脾长约19.5cm、宽约3.8cm、重约55.88g；成年公猪脾长约21.5cm、宽约5.4cm、厚约1.8cm，重约98.44g。

三、淋巴结

下颌淋巴结位于下颌腺中部偏后，左右各一，呈椭圆形，粉红色，主要收纳鼻腔前部、口腔上壁、口腔内及下颌浅层结构内的淋巴液。

公猪腹股沟淋巴结位于腹股沟内中部皮下浅层，阴茎根的两侧，阴囊的前下方，故称阴囊淋巴结；母猪腹股沟淋巴结位于乳腺后上方，在倒数第1～2对乳头之间的外侧，呈长的椭圆形，又称乳腺上淋巴结。腹股沟淋巴结主要收纳来自躯体后半下部、后腿部及外生殖器结构内的淋巴液。2月龄时总重约2.3g，4月龄时总重约2.5g。

肠系膜淋巴结分布于肠系膜近肠管处，大小不一，暗红色，主要收集来自小肠和大肠的淋巴液。

第七节 近交系五指山猪内分泌系统

一、垂体

垂体是猪体内最大、最复杂的内分泌腺，位于视神经交叉后方，颅中窝蝶骨体上面的垂体窝内，通过漏斗与下丘脑相连，外观呈一个卵圆形的小体，颜色灰白。4 月龄时重约 0.09g，从漏斗部到垂体末端长约 0.6cm，最宽处约 0.3cm。成年母猪垂体长约 1.2cm、宽约 1.2cm、厚约 0.4cm、重约 0.28g；成年公猪垂体长约 1.2cm、宽约 0.9cm、厚约 0.3cm、重约 0.24g。

垂体可分为神经垂体和腺垂体两部分。神经垂体较薄，呈弯曲的条带状，背侧扁平，前宽后窄。神经垂体又分漏斗部和神经部两部分。漏斗部较细，连接神经垂体和结节部；神经部较圆厚，和腺垂体的中间部合称为后叶。腺垂体又分为远侧部、结节部和中间部，神经垂体漏斗部的腹侧和两侧为结节部，中间部位于腺垂体后背侧、神经垂体神经部的腹侧。远侧部为腺垂体的腹部，较宽厚。垂体的作用非常广泛，在中枢神经系统的作用下调节全身腺体的分泌活动。

二、松果体

松果体又称脑上腺，位于间脑背侧中间，两大脑半球的深部，四叠体的前方，呈粟米粒状大小，灰白色，可分为前、后两部。前部僵连于丘脑背侧，后部以柄连于四叠体前丘，4 月龄时重约 0.01g。

三、甲状腺和甲状旁腺

甲状腺位于喉环状软骨后方，前 2～7 个气管软骨环的腹侧，距甲状软骨约 1.5cm，呈中间凹陷的长梭状，表面为胸骨甲状肌和胸骨舌骨肌覆盖。前端靠近喉软骨处较尖，后端呈稍钝圆的弧形，背部两侧与颈总动脉、颈内静脉和迷走交感干相邻，背侧正中凹陷为气管环的压迹。近交系五指山猪 2 月龄时重约 1.65g、长约 2.9 cm、宽约 1.3 cm；4 月龄时重约 2.49g、长约 3.2 cm、宽约 1.4cm。成年母猪甲状腺长约 3.5cm、宽约 2.5cm、厚约 1.3cm、重约

5.9g；成年公猪甲状腺长约4.7cm、宽约3.2cm、厚约1.3cm、重约7.3g。

甲状旁腺只有1对，位于甲状腺的前方，气管两侧，与甲状腺相距较远。

四、肾上腺

肾上腺位于肾前方内侧、脊柱两侧，与肾共同包被于肾脂肪囊内，两肾上腺之间有腹主动脉起始部、后腔静脉和腰部交感干通过。

肾上腺分左右两个，左、右肾上腺的位置和形态各不相同。左侧肾上腺位置较靠前，在肾动脉的前方，呈半月形；右侧肾上腺位置稍靠后，呈三角形，较左侧肾上腺稍大。左、右肾上腺的两端都较钝圆，其背侧面紧贴腰椎，背外侧面为肾前端，腹侧面与结肠相邻。近交系五指山猪2月龄时左肾上腺重约0.62g、长约2.3cm、宽约0.49cm，右肾上腺重约0.66g、长约2.7cm、宽约0.98cm；4月龄时左肾上腺重约0.84g、长约3cm、宽约0.5cm，右肾上腺重约0.89g、长约2.9cm、宽约0.7cm。成年母猪左肾上腺长约3.9cm、宽约1.2cm、厚约1.1cm、重约3.67g；成年公猪左肾上腺长约3cm、宽约1.3cm、厚约0.9cm、重约1.91g。成年母猪右肾上腺长约4.7cm、宽约1.6cm、厚约1.1cm、重约5.16g；成年公猪右肾上腺长约3.2cm、宽约1cm、厚约0.6cm、重约1.3g。

肾上腺的实质分为周围的皮质和中间的髓质。皮质层较厚，占肾上腺的大部分；髓质较薄。皮质和髓质分别分泌不同的激素。

第八节　近交系五指山猪神经系统

一、脑

脑由左、右两个半脑组成，呈淡粉色。成年母猪半脑长约6.1cm、宽约4.4cm、厚约1.3cm，全脑重约56.74g；成年公猪半脑长约6.3cm、宽约3.5cm、厚约1.6cm，全脑重约59.82g。

二、小脑

小脑位于大脑后下部。成年母猪小脑长约2.8cm、宽约2.5cm、厚约1.2cm、重约7.84g；成年公猪小脑长约4.5cm、宽约2.8cm、厚约0.9cm、重约8.23g。

第九节　近交系五指山猪血管

一、升主动脉

成年母猪升主动脉长约 3cm，中点外径约 2.2cm；成年公猪升主动脉长约 2.5cm，起点外径约 2.1cm，中点外径约 2.3cm。

二、降主动脉

成年母猪降动脉起点厚度约 1.6cm，中点外径约 1.5cm；成年公猪降主动脉长约 11.2cm，起点外径约 1.8cm，中点外径约 1.6cm，终点外径约 1.5cm。

三、腹主动脉

成年母猪腹主动脉长约 15.5cm，起点外径约 0.9cm，中点外径约 0.7cm，终点外径约 0.6cm；成年公猪腹主动脉长约 12cm，起点外径约 1.5cm，中点外径约 0.9cm，终点外径约 0.7cm。

四、髂总动脉

成年母猪左、右髂总动脉分别长约 1.8cm 和 1.5cm，起点外径分别约 0.5cm 和 0.4cm；成年公猪左、右髂总动脉分别长约 2.2cm 和 3.2cm，起点外径分别约 0.4cm 和 0.5cm，中点外径分别约 0.3cm 和 0.4cm，终点外径分别约 0.4cm 和 0.4cm。

五、头壁干动脉

成年母猪头壁干动脉内径约 4mm，成年公猪头壁干动脉长约 1.3cm、起点外径约 0.9cm、中点外径约 1.2cm。

六、颈总动脉

成年母猪左、右颈总动脉分别长约 10.4cm 和 8.2cm，起点外径分别约 0.8cm 和 0.6cm，起点内径分别约 0.6cm 和 0.3cm，中点外径分别约 0.4cm 和 0.4cm，终点外径分别约 0.4cm 和 0.4cm，终点内径分别约 0.18cm 和 0.15cm。成年公猪颈总动脉长约 1.1cm，起点外径约 0.7cm。

七、肺动脉

成年母猪肺动脉长约 4cm，中点外径约 4.3cm；成年公猪肺动脉长约 4.3cm，起点外径约 1.9cm，中点外径约 2cm。

八、冠状动脉前降支

冠状动脉前降支成年母猪长约 8.7cm，成年公猪长约 8cm。

九、右冠状动脉

右冠状动脉成年母猪长约 6.2cm，成年公猪长约 7.8cm。

十、主动脉弓

成年公猪主动脉弓中点外径约 2cm。

第八章 近交系五指山猪品种遗传资源的保存

近交系五指山猪是由我国古老的原始品种五指山猪培育而成，1989 年以当时濒临灭绝的 2 头五指山猪为系祖，经过 20 年近交繁育，目前又培育出 PERV 无传染性近交系新品系，具有四大应用优势：便于功能性基因分析与研究基因修饰少量个体后可迅速扩群繁育；SPF 净化所需基础种群数量少、成本低廉；医用产品标准化、规模化生产，生产效率高；PERV 无传染性安全性高，具有重大的开发利用价值。相反，也具有像其他近交系动物一样，近交系五指山猪对生存条件要求较高。为此，笔者等制定了近交系五指山猪品种遗传资源保存策略和方法，即：在边开发边利用中实现资源保存的方针，确保自身不断创新发展；建立科学的繁育生产管理制度及疾病防治措施，确保活体保种顺利进行；同时，进行近交系五指山猪遗传物质进行保存。

第一节　品种遗传资源保存思路与措施

一、加大新资源、新产品研发和开发力度

目前已培育出“PERV 无传染性近交系猪”“微型白猪”“双敲基因猪”等新品种、新资源。异种新鲜角膜存活时间超过 500d；另外，基于病毒安全的近交系来源全肝人工肝生物反应器，定位于临床紧急生命维系产品，将有效挽救患者生命，产品正在进行动物试验。

二、建立具有净化屏障系统及清洁级微生物检测标准的猪舍进行繁育生产

（一）近交系猪繁育技术

按照近交系猪繁育技术要求，核心群进行家系内“子配母、兄妹交配”生产。目前，北京市南口国家五指山猪保种场，具有完整的繁育与管理体系和制度，试验用近交系五指山猪生产与保种稳步推进，核心群230头，年产试验用猪1 000余头。

（二）近交系猪遗传、微生物质量控制

按照北京市地方试验用猪标准规定的项目，定期进行微生物、遗传检测，完全符合地方标准要求。目前，北京市南口国家五指山猪保种场，具有完整的疫情防御体系和制度，先后办理了北京市畜禽生产经营许可证、北京市试验用猪生产、使用许可证等。

三、遗传资源保存

（一）进行近交系五指山猪遗传世代 F_{15}～F_{26} 遗传物质保存

例如，精液、细胞系、干细胞、组织、DNA、基因等达到可长期保存，以防不可抗拒突发事件的发生等。与此同时，向农业农村部畜禽遗传资源基因库提供不同家系、世代细胞系40头份，细胞400余管及精液多份。

（二）近交系细胞系保存原则

（1）采集个体分别在3～8月龄，个别在12～24月龄。

（2）每个体细胞系冷冻保存的为 F_0 细胞，4～5个2mL冷冻管4～8个。

（3）细胞冷冻时，其生长期数量应不低于35%，冷冻的细胞浓度为（3～5）$\times 10^6$ 个/mL。

（4）每个细胞保存管均标明近交系代数、体号、冷冻日期及家系1、2、3等。

（5）每批细胞需抽检1管，解冻后体外培养观察，无细菌、真菌等污染的应为阴性结果。

（6）为确保遗传资源保存的有效性，解冻后细胞成活率要求不低于90%，

细胞呈成纤维形等。

四、建立完整的近交系谱

已建立完整的近交系家系系谱，PERV 无传染性近交系已获得 F_0～F_1 40 余头（图 8-1 至图 8-3）。

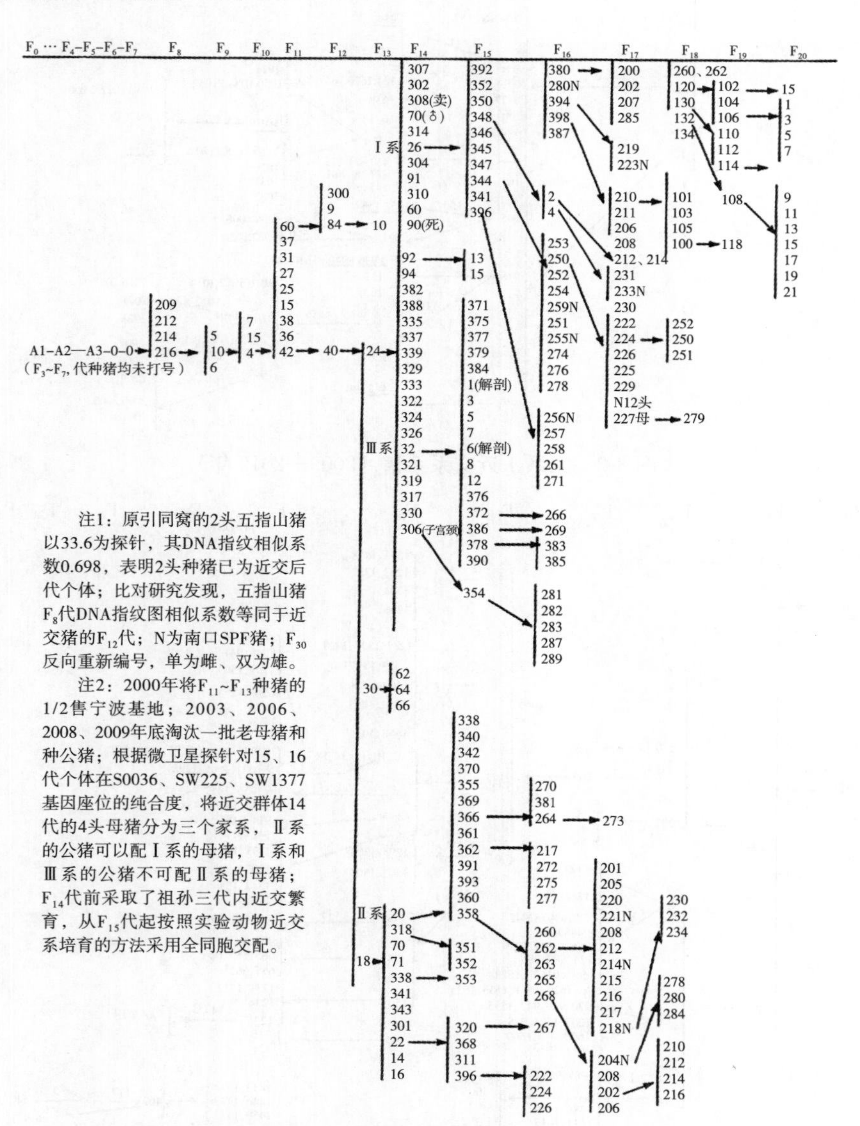

图 8-1　五指山猪近交系家系系谱（1987—2009 年）

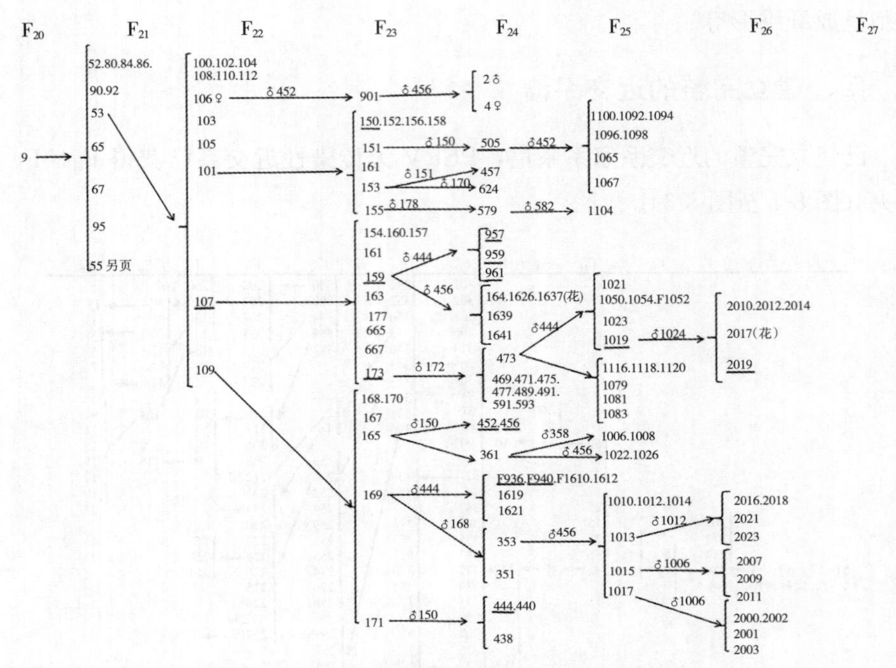

图 8-2　家系 1 近交系系谱（2009—2019 年）

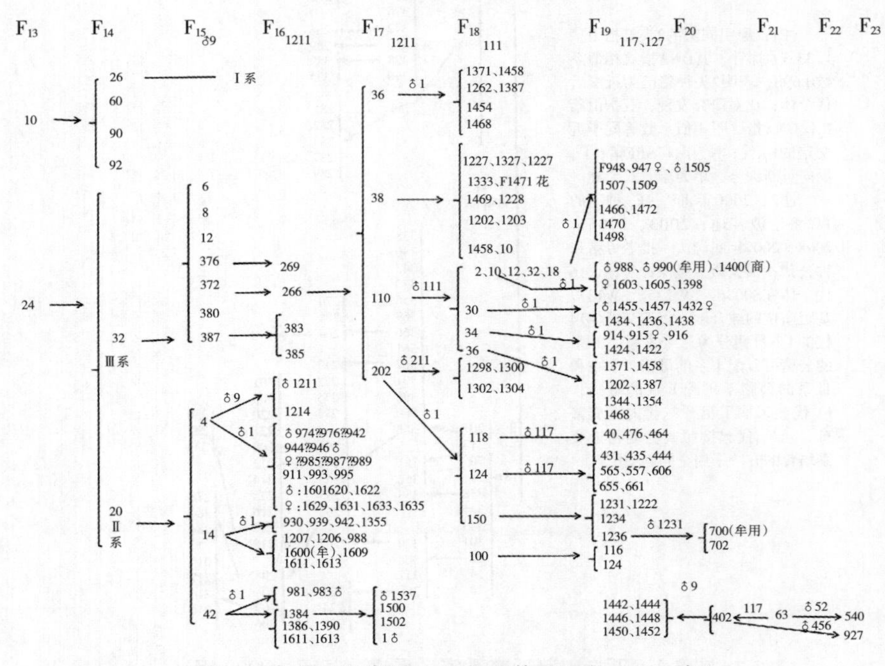

图 8-3　家系 2 和家系 3 近交系谱（2009—2019 年）

第二节 近交系五指山猪保种场养殖技术及管理

由于近交系五指山猪保种场严格执行了一整套饲养管理技术规范，因此在20余年的异地保种、扩繁过程中，从未发生任何重大疾病。虽然个别猪患有感冒、皮肤病、仔猪腹泻等，但一般医治后即可痊愈（注意药物的使用量为其他品种猪猪病药物剂量的1/2）。本章重点介绍近交系五指山猪养殖技术、管理技术规范等。

作为试验用小型猪是近交系五指山猪最重要的应用方面之一。通常试验用猪分为试验用封闭群和试验用近交系，又可分为普通级、清洁级和SPF级。试验用封闭群，是指该类猪群保持5个血缘以上、连续群体内封闭选配6世代以上品系的小型猪；试验用近交系猪，是指该类猪群由连续20代的全同胞兄妹或亲子配选育的小型猪；普通级，是指在普通实验动物环境及设施下培育的试验用小型猪；SPF级，是指在屏障系统的实验动物环境及设施下培育的无特异病源的试验用小型猪。

笔者参照多年生产技术和经验，特制定本试验用普通级小型猪近交系、封闭群繁育生产技术规范，其主要管理环节如下。

一、种猪选育与繁殖

1. 近交系、封闭群小型猪　试验用近交系动物是指经过至少连续20代的全同胞兄妹交配培育而成，品系内所有个体都可追溯到第20代或以后代数一对共同祖先的动物群体。近交系五指山小型猪是世界上首批近交系猪，该品系之所以称为近交系，是经连续20代以上亲代与子代交配繁殖（与全同胞兄妹交配具有等同效果），近交系数大于98%，且有完整的繁殖系谱和详细的繁育记录，并经异体皮肤移植试验证明未发生免疫排斥反应等方法鉴定的。而试验用封闭群猪，是以非近亲交配方式进行繁殖生产的试验用小型猪种群，在不从外部引入新个体的条件下，至少连续繁殖4个世代以上，种群不小于13对（13头公猪、13头母猪），采用循环交配方式，称为封闭群，封闭群亦称远交群。

2. 繁育选种

（1）近交系、封闭群亦选择出体质外貌、生长发育、生产性能等优良，并符合本品种特征，健康无病，无明显缺陷的作为种猪繁殖群。6月龄体重15～20kg，24月龄成年体重不超过35kg。

（2）严格执行选种标准和选配计划，及时淘汰劣种，不断提高生产性能，使产品数量和质量逐步得到改进和提高。

3. 猪群结构　近交系繁殖母猪一般利用到5～6胎，繁殖性能优良的个体可利用到7～8胎。母猪群的合理胎龄结构是：1～2胎占生产母猪的30%～35%，3～6胎占60%，7胎以上占5%～10%。近交系种公猪一般利用2～3年。

4. 近交系核心母猪群的建立　建立近交系核心母猪群，主要从繁殖和哺育性能年龄，选用2～3.5岁的作为核心种猪群。核心群母猪头数应占繁殖母猪总头数的40%左右，此阶段母猪的繁殖力最强。

5. 后备猪的选留　近交系后备母猪的选育，可从核心群母猪第2～4胎的仔猪中挑选，选留的数量占种母猪群体的30%～40%。

（1）采取同窝数量多、品种性状一致性好且生长发育均匀的仔猪。后备公猪要求两侧睾丸明显，大小对称；后备母猪要求乳头数有6～7对，排列整齐且均匀。

（2）近交系、封闭群6月龄时的选择，可根据生产性状构成综合选择指数进行选留或淘汰。此外，凡体质衰弱、肢蹄存在明显疾患、体形有突出显示及出现遗传缺陷的均予以淘汰。

（3）对发情正常的母猪优先选留，配种时留优去劣，保证有足够的优良后备母猪补充和基础母猪群的规模。留种用的后备猪，应建立起完整的系谱档案。

6. 繁育适配时间

（1）近交系母猪发情症状明显、阴门潮红，经试情鉴别确定发情后，按压其背部表现安静（或接受公猪爬跨）时配第一次，间隔8～12h配第二次。母猪在一个发情期中配种2～3次，其情期受胎率达90%以上。

（2）对9月龄以后经改善饲养管理及药物等措施处理，仍未出现发情症状及连续3个发情周期配种不孕的后备猪及时予以淘汰。

7. 配种

（1）近交系后备母猪配种年龄为6月龄，体重为15～20kg。

（2）近交系后备公猪配种年龄为6月龄，体重为15kg左右。初次配种进行调教，后备公猪开始配种或采精次数每周以2～3次为宜。成年公猪，每天1次，连续使用5～6d休息1d。

（3）自然交配公、母比例为1：（25～30），若采用人工授精技术则公、母比例为1：（100～200）。

（4）每天上、下午观察所有适龄母猪的发情状况，并做好现场记录。

（5）按配种计划配种，并做好档案记录。

（6）做好配种观察的妊娠卡片，卡片上记录的内容为耳号、年龄、发情日期、配种日期、返情日、预产期。

安排配种后，登记并认真观察母猪是否返情。返情母猪及时记录等待下次配种，如果三个发情期均不能配上，则应淘汰。发情周期（21＋2.5）d。但近交系五指山猪胆小，目前不适合人工授精，多数都是自然交配。

8. 妊娠　交配3周后不见发情，则被认为妊娠，妊娠期为114d（109～120d）。妊娠80d后将妊娠母猪转入妊娠区，进行特殊饲喂，饲喂量要增加20％～30％，在预产期前1周将妊娠母猪转入产房待产。

9. 分娩接生

（1）一般破水后1～2h母猪开始分娩，间隔10～20min。

（2）用干净的布将刚出生仔猪擦干净，剪断脐带（留4cm）并结扎。用碘酒消毒后，将仔猪放置于保温箱内，用取暖灯保暖，初始2d温度保持在30～32℃，并帮助仔猪吃奶；同时，进行编号、称重、登记。应设护仔栏、保育补饲间或母猪限位分娩栏，产房要保持干净和整洁。

（3）出生后，用专用工具剪掉仔猪的前4颗门牙，避免母猪乳头被咬伤。目前是2月龄后断奶，但为提高生产效率，尽量缩短哺乳期时间。

（4）按时做好各类疾病的免疫，仔猪出生3d内注射补硒补铁药物，用量为标准的一半，饲养期间每隔3～6个月再补硒一次。

（5）如果有死胎、畸形胎，则应及时登记并取耳样，同时对尸体进行无害化处理。

10. 繁育指标要求

（1）后备母猪初胎产合格仔猪5～6头，出生仔猪重0.30～0.45kg。经产母猪年产2胎以上，每胎产仔猪6～8头，出生仔猪重0.30～0.45kg。

（2）8周龄断奶均重4～5kg。

（3）产房仔猪死亡率低于12％，保育舍仔猪死亡率低于5％，成年猪死亡率低于2%。连产两胎且仔猪数均低于3头的母猪应作淘汰处理。

二、常规饲养规范

1. 饲料来源　对不同生长发育阶段的猪群，如仔猪、生长猪、空怀母猪、哺乳母猪、配种公猪等，应提供其不同营养水平。

2. 近交系五指山猪种猪的饲养管理

（1）目前，近交系培育成功，F_{20}以上种群遗传稳定，其饲料可完全按种猪不同生长期，采购不同种类的颗粒，如仔猪开口料、仔猪料、生长猪料、空怀母猪料、哺乳母猪料等。一般仔猪15日龄后补饲仔猪开口料，30～50日龄补饲仔猪料，50～90日龄饲喂生长猪料、空怀母猪料、哺乳母猪料等。

（2）配种公、母猪的膘情要达到中上等营养水平，不能过肥或过瘦。公猪日喂量为体重的2%～3%，并视体况、配种能力适当掌握。后备母猪进行适度饲养，以保持膘情，严禁过胖或过瘦。但在配种前14d实行短期优饲，可提高其初产数，哺乳母猪日喂量可适当提高0.5～0.6kg。

（3）种公猪要单圈饲养，加高围栏，经常拭刷猪体；为保持种猪体况可经常运动；要定期检查精液，以保证具有良好的品质。

（4）饲料要保持清洁、新鲜，不给猪喂发霉、变质、冰冻、带有毒性的饲料。饲料不宜频繁变换；饲养员每天早起观察残渣料，查看每头猪是否有不吃或少吃等异常情况，如有异常应及时处理（登记并向主管汇报）；无异常情况就清理残渣并清洗食槽，按量按年龄分别喂食饲料，然后观察每头猪的食用情况。每天早晨、下午各喂食一次。保证每头猪的自动饮水系统随时供应。在没有自动饮水系统的猪舍，必须保证饮水盆24h内有清洁水。对每头猪都要细致观察，如有无弓背、站立不稳等现象。每一个围栏上的卡片记录应完整、清晰。每天最少完全打扫猪舍2～3遍，上班期间随时清理猪粪，尽量保证猪栏里没有粪便和尿液留存。

3. 近交系五指山猪仔猪的饲养管理　仔猪出生后2～3日补铁、补硒；出生后15～20日龄开始诱教补饲，其方法是采用自由拱食和强制诱食；8周龄断奶，断奶后逐渐转喂仔猪料，自由采食和自动饮水；断奶仔猪条件允许可在原栏饲养5～7d后，然后转入保育舍并饲养至120日龄；保持圈舍干燥和卫生，适宜温度为20～22℃，相对湿度为50%～70%。

（1）离乳后，仔猪的饲料要营养丰富，适口性强。

（2）少量多餐，喂食次数从断奶前的每天 4 次逐渐减少到每天 2 次。

（3）及时按品系打耳号并记录在案。

（4）断奶前，选强壮后备公猪，其余公猪去势。

4. 近交系五指山猪成年猪的饲养管理　成年猪采取限饲、自由采食的方式，每天饲喂 2 次、每头每天按体重 2%～2.5%计算饲喂量（表 8-1）；采用颗粒料，干喂或拌湿饲喂，自动饮水器饮水；控制猪舍的温度（16～28℃）和湿度（35%～70%）。成年猪按体重大小、强弱、公母分栏饲养。分群后进行定位调教，使之建立起有效的条件反射。夏天注意防暑降温，冬天注意防寒保暖，适宜温度为 16～28℃，相对湿度为 50%～70%。

表 8-1　不同类型近交系猪参考限饲量（kg）

月龄	体重	一餐食量
2	6～8	0.1
3	10～12	0.15
4	12～14	0.2
5	15～17	0.22
6	17～21	0.25
7	19～25	0.25
10	24～20	0.25
12	35～40	0.3～0.35

三、清洁、消毒及防疫

1. 清洁

（1）每天早晨入场后清扫各房间过道，按猪舍顺序铲除粪便，观察猪的粪便是否正常并打分。如有异常要登记并向主管汇报，及时处理。

（2）猪早餐后 1h 再清理一遍粪便，并把地面和粪沟里的粪便铲入小车，遗留的残渣用水清洗干净；把小车里的粪便倒入指定堆肥池，然后把粪车及铁锹冲洗干净放回原处。

（3）猪喜清洁，因此在温暖季节洗刷猪栏时可顺便冲洗猪的身体，减少异味。冲洗后必须用吸水拖把清理干净栏内积水，保持猪栏内的清洁干燥。

2. 消毒

(1) 工作人员入场前更换消毒工作服、鞋帽、口罩，然后经过消毒池进入场区，场外物品不经消毒一律不得带入场内。工作完毕，按相反顺序离开场区。

(2) 更衣间每周用紫外线消毒2次，每次1h。

(3) 用过氧乙酸对地面、墙壁、门窗消毒方法是：将浓度为0.2%～0.5%的过氧乙酸溶液装入喷雾器中喷雾消毒。泥土墙吸液量为50～300mL/m^2，水泥墙、木板墙、石灰墙为100mL/m^2。对上述各种墙壁的喷洒消毒时要求消毒剂溶液不宜超过其吸液量。地面消毒先由外向内喷雾一次，喷药量为200～300mL/m^2，待室内消毒完毕后再由内向外重复喷雾一次。以上消毒处理，作用时间应不少于60min。

(4) 用过氧乙酸对房屋空间消毒方法是：房屋经密闭后，将浓度为15%、用量为7mL/m^3的过氧乙酸溶液放入瓷或玻璃器皿（可以用于加热的）中，用酒精炉或燃气炉加热熏蒸120min，然后打开门窗通风；或用浓度为2%的过氧乙酸溶液喷雾消毒30～60min，然后打开门窗通风。

(5) 对衣服、被褥的消毒方法是：将欲消毒的衣物悬挂在室内（切勿堆集成一堆），密闭门窗，糊好缝隙，用浓度为15%、用量为7mL/m^3的过氧乙酸溶液，放入瓷或玻璃容器（可以用于加热的）中加热熏蒸60～120min，然后打开门窗通风。

(6) 对餐（饮）具的消毒方法是：用浓度为0.5%的过氧乙酸溶液将餐（饮）具浸泡30min，浸泡时消毒液要漫过被消毒的器具，最后再用流动的清水将餐（饮）具洗净。

3. 防疫

(1) 圈舍、场地、道路用具、饲槽等要经常清扫、洗刷，并定期消毒，每2周用过氧乙酸喷雾消毒一次。道路用3%氢氧化钠溶液消毒，春、秋各一次；繁殖猪群每年驱虫两次，春、秋各一次，以及驱虫后采取相应的消毒措施。同时，做好每次免疫的记录工作。

(2) 按照免疫程序有计划地进行猪瘟、猪丹毒、猪肺疫、口蹄疫等疫病的免疫接种工作。

4. 建立场区规范化卫生防疫制度

(1) 猪场门口、生产区入口设置与大门同宽、长为机动车车轮一周半的消毒池。生产区门口设更衣室和消毒室。猪舍入口设置消毒池。消毒液可用3%的氢氧化钠溶液，每周更换2次。

（2）非场内人员未经允许禁止进入生产区，同意入场必须经严格消毒，更换隔离衣、胶鞋后方可入内。

（3）场外车辆用具不准进入生产区，猪只出场在生产区外装猪台接运或装在运输笼具内运出。

（4）只能允许出售健康猪。病愈后的猪不得出售，同时做好记录。已出场的猪只不准回流。生产区内净道与污道分开，转猪车与饲料车走净道，出粪车与病死猪运输车走污道。

（5）早晚两次清扫猪舍，以保持猪舍干净卫生。粪尿、污水、恶臭污物排放符合国家标准的要求。

（6）猪场道路和环境要保持清洁卫生，要求无杂草、无垃圾，植树绿化周围环境，每月定期消毒2次，同时做好灭鼠灭蚊蝇工作。

（7）猪舍内及用具、饲槽、产床、网床等要每天清扫、洗刷，每周消毒1次。

（8）饲养人员不准乱串猪舍，要随时观察猪群健康状况，如发现异常则及时报告。对病猪要隔离治疗，对发病猪圈立刻消毒，用具和所有设备必须固定。

（9）病死猪不准在生产区内剖检，要用不漏水的专车运到兽医室剖检，并对病死猪作无害化处理。

（10）不准将可能染疫的畜禽产品或物品带入场内，场内人员不准为外单位和个人诊治病猪。场内禁止养猫，看护厂区的狗不得进入生产区。

（11）生产人员进入生产区要消毒，更换工作服和胶鞋。

（12）所有消毒药由主管兽医负责。

（13）出现病死猪，不准随便乱扔，不准在场内解剖，按猪场的统一规定进行无害化处理。猪场发生传染病时，应及时进行诊断，调查疫源，根据疫病种类做好封锁隔离、消毒、紧急防疫、治疗、淘汰等工作，做到早发现、早确诊、早处理，把疫情控制在最小范围内。发生人兽共患病时，需同时报告卫生部门，共同采取扑灭措施。最后一头病猪淘汰或痊愈后，需经该传染病最长潜伏期的观察，至不再出现新的病例且经严格消毒后，再撤销隔离或解除封锁。

第三节 近交系五指山小型猪主要疾病防治

近交系五指山小型猪体型矮小、性成熟早、遗传性稳定，易于试验操作，因与人类具有极其相似的生物学特性，近十几年来常作为药效及毒理学研究、新药药理和安全性评价、遗传和营养性疾病、代谢性疾病、心血管疾病等人类生物医学研究的实验动物模型。然而，我国尚未有试验用小型猪的国家标准，仅北京、上海、广西、江苏等地提出了地方标准，且各地标准存在较大差异，这在一定程度上阻碍了小型猪作为实验动物的标准化研究和推广应用。调查发现生产单位对小型猪的免疫合格率都相对较低，达不到免疫要求，部分生产单位未免疫或未及时免疫高危病原。因此，预防接种是饲养小型猪一项重要的防疫措施。

一、常见疾病防治

（一）猪瘟

猪瘟是由猪瘟病毒引起的猪的一种高度接触性、急性、热性传染病，被世界动物卫生组织列为A类传染病，此病一年四季均可发生，春、秋季较为频繁。

1. 传染源及传播途径　不同品种、年龄和性别的猪均可感染猪瘟，病猪和病愈后的带毒猪是本病的最主要传染源。本病主要经消化道和呼吸道感染，也可经眼结膜、生殖道黏液或皮肤伤口感染，另外还可以垂直传播。与病猪接触的人、畜、用具，含病毒的猪肉及肉制品、泔水，被病毒感染的饲料、饮水等均可为本病传播的媒介。

2. 临床症状　病猪体温升高至40.5～42.5℃，高热稽留；后期呼吸困难，多呈腹式呼吸，严重者呈犬坐姿势；粪便干、硬、黑，被覆黏液，个别有腹泻现象，食欲明显下降，耳后、腹下、鼻、四肢末端皮肤发绀，多数病例后期出现走路摇摆、站立不稳等后肢麻痹现象。病程3～10d，抗生素治疗无效。

3. 病理剖检变化　病猪全身淋巴结肿胀、充血、出血，切面红白相间，呈大理石样变；肾脏颜色变淡，表面有密集的米粒大小出血点；脾头肿大，边缘褐色梗死；胸腔和腹腔有大量红色液体；肠系膜高度淤血，肠黏膜广泛出血；胃底黏膜严重脱落，有弥散性出血和斑点状出血；膀胱黏膜、喉头、会厌软骨、心外膜及皮下有广泛出血斑（点）；肺脏高度淤血、斑状出血；脑膜严重淤血、出血。

4. 防控 猪瘟病毒对环境的抵抗力不强，在自然干燥环境下容易死亡。感染区的环境如果保持干燥和较高温度，病毒经 1～3 周就会失去活性。猪瘟病毒对常用的消毒药物敏感，2%～4%氢氧化钠溶液、5%～10%漂白粉溶液、3%～5%来苏儿溶液等均能快速将其杀灭。对于体温正常、未出现临床症状的假定健康猪可紧急预防接种 6 倍量猪瘟疫苗。病猪肌内注射抗病毒Ⅰ号（黄芪多糖）和氟苯尼考注射液，连用 5d。

（二）气喘病

猪气喘病又称猪支原体肺炎，是由猪肺炎支原体引起的以气喘为主要症状的慢性呼吸道传染病。我国大部分小型猪的品系是在南方培育而成的，习惯于温暖、潮湿的气候，对严寒、干燥环境的抵御能力较差。另外，由于小型猪短小而粗胖，气管相对于整个身体显得更为狭窄（与家猪相比）。因此，在北方气候下，呼吸道疾病的发病率会明显提高。合理的猪舍设计、科学的环境控制、适宜的猪群饲养密度、严格的兽医管理制度是控制此病发生的重要条件。

1. 传染源及传播途径 任何年龄、性别和品种的猪均易感，哺乳仔猪和保育猪多发，死亡率高，其次为怀孕后期母猪和哺乳母猪，一般母猪、育肥猪和成年猪多呈慢性和隐性感染。病猪及带病猪是此病主要的传染源。支原体主要存在于猪气管和支气管中，随着病猪的鼻分泌物或咳嗽而被排到空气中，在通过气溶胶或直接接触的方式使健康的猪感染。本病一年四季都可能发生，但在寒冷或气候多变时较为多见。新发病猪群呈暴发流行，发病率和死亡率均高。

2. 临床症状 发病时间短的猪咳嗽次数小、症状轻；发病时间长、严重的猪咳嗽次数多，连续咳嗽，张口喘气，出现明显的腹式呼吸。病猪精神沉郁，食欲减退，消瘦，耳、皮、结膜发绀，怕冷，行走无力，体温稍高，年龄越小症状越重。

3. 剖检变化 病猪肺脏膨大，有肋压痕、不同程度的气肿和水肿。双肺的心叶、尖叶、中间叶和膈叶前下缘出现对称的淡红色或灰红色、半透明状、界限明显、似鲜嫩肌肉样病变，即“肉变”，肺切面挤压，可由小支气管流出灰白色混浊黏稠的液体。支气管淋巴结和纵隔淋巴结肿大，其他部位无病理变化。

4. 防控　健康小型猪可注射猪支原体弱毒疫苗；种猪和后备猪每年 8—10 月免疫 1 次，在右侧胸腔注射（注射部在倒数第二肋间）；仔猪可在出生后 10d 内进行早期免疫，也可在右侧胸腔注射。对患猪肌内注射氟苯尼考注射剂 10mg/kg，2 次/d；鱼腥草注射液 0.1mg/kg（分点肌内注射），2～3d/次。同时，对表现呼吸明显困难的病猪肌内注射氨茶碱注射液，2.5～5mg/kg，2 次/d。治疗 7d 后症状明显减轻者用泰妙菌素拌料，按 150g/t 剂量使用，连用 7d。

（三）细小病毒病

猪细小病毒病是由猪细小病毒引起的猪繁殖障碍性疾病，其主要感染母猪，特别是初产母猪，可使母猪流产或产死胎、畸形胎、木乃伊胎、病弱胎，但母猪本身无明显临床症状。经产母猪发病率相对较低，往往呈隐性带毒状态。从表 8-2 可知，0～30 日龄仔猪抗体阳性率（45.33%）较高，主要原因是仔猪在哺乳期间从感染母猪的乳汁中获得的母源抗体还维持在较高水平；商品猪、后备猪细小病毒抗体的阳性率相对较低，分别为 33.6%和 36.96%；而种公猪、能繁母猪细小病毒抗体的阳性率相对较高，分别为 45.83%和 51.27%。这种情况可能与种猪饲养的时间较长、相互传播的概率多有关；商品猪、后备猪群饲养时间短，一般与种猪接触少，感染的概率会相应减少。

表 8-2　不同类别猪血清猪细小病毒抗体的检测结果（剑白香猪）

不同类别猪	血清样品总数（份）	阳性血清样品总数（份）	阳性率（%）
0～30 日龄仔猪	492	223	45.33
商品猪	360	121	33.61
后备猪	460	170	36.96
种公猪	24	11	45.83
能繁母猪	275	141	51.27
合计	1 611	666	41.34

1. 传播源及传播途径　猪细小病毒病的流行没有明显的季节性，但在气候寒冷的冬、春季节发病率略高。本病一般是地方流行性，或者呈现散发性流

行。患病猪和隐性带毒猪是该疾病的主要传染源，被感染母猪的子宫分泌物及所产死胎和僵尸胎中都含有大量病毒。本病传播途径主要是通过消化道、生殖道感染，也可以通过胎盘由母猪传染给仔猪。母猪感染本病后，胚胎的死亡率很高，甚至可以达到100%。初产母猪在感染病原后可以获得免疫力。病原在猪圈中通常可以存活数月之久，因此要对猪舍进行严格的消毒处理。

2. 临床症状　一般母猪感染本病后呈现出隐性经过，初产母猪感染病毒后表现出繁殖障碍。怀孕后的母猪在感染病毒后可能会出现流产现象，或者是产死胎、僵胎、畸形胎等，有的仔猪常在出生后不久就会死亡。感染病毒后，母猪通常不表现出症状，能够正常发情和配种，但常在怀孕期出现流产现象。母猪在流产前会表现为情绪烦躁，不断地来回走动，食欲不振，体温升高到40℃左右；从阴道排出分泌物，胎衣不下，甚至出现生殖系统疾病。仔猪感染后出现腹泻和消瘦，体温升高到41℃，排出的粪便中含有脓液，脱水严重，常因心脏功能衰竭而死亡。

3. 病理剖检　母猪流产后出现子宫内膜炎，胎盘有钙化现象，胎儿在子宫内出现溶解，母猪产出畸形胎和木乃伊胎。流产后的胎儿皮下有充血和出血，在胸腔和腹腔内有大量液体，液体呈现淡红色或者是淡黄色；肝、肾等实质器官肿大和出血，有的还会变性、萎缩和坏死。出生后还存活的胎儿颈部、胸部和腹部有大块淤血和斑块性出血，12h内就会变得全身发紫，继而出现死亡。

4. 防控　控制此病，制订合理的免疫程序十分必要。仔猪在20周龄左右免疫接种猪细小病毒疫苗；后备种猪在配种前1个月免疫1次，间隔2周加强免疫1次；能繁母猪在产后第15天进行接种，每年2次；种公猪每年免疫2次。每头猪耳根后深部肌内注射灭活疫苗1头份。

（四）流行性乙型脑炎

猪流行性乙型脑炎是由流行性乙型脑炎病毒引起的一种急性人兽共患病。该病是以损害中枢神经系统为主的急性传染病，多种动物均可感染，猪感染后大多不表现临床症状。本病发病率为20%～30%，死亡率较低，妊娠母猪感染以高热、流产、死胎、产木乃伊胎为特征，公猪感染以睾丸炎为特征，少数感染猪表现神经症状。近年来我国试验用小型猪的开发利用也在逐年递增，但大部分小型猪为开放饲养，很易感染本病，同时本病也会对相关人员造成潜在威胁。

1. 传染源及传播途径 本病属于自然疫源性疾病，多种动物和人感染后都可成为传染源。病毒主要存在于感染动物的神经系统、血液、肿胀的睾丸、流产而死亡胎儿的脑组织中。猪流行性乙型脑炎主要通过蚊虫叮咬而传播。

2. 临床症状 猪常突然发病，精神沉郁，嗜睡，采食量降低，饮水量增加，体温可高达40～41℃。粪便干燥，呈球形，常带有灰白色黏液，尿色加深。有的病猪共济失调，有的跛行，有的出现视力障碍、摆头、盲目运动、后肢麻痹等神经症状，并最终死亡。妊娠母猪常发生流产，且多发生在妊娠后期，仅出现轻微的临床症状或不出现。少数发病猪从阴道流出红褐色至灰褐色黏液，有的出现胎衣不下，但对母猪继续繁殖无影响。流产的胎儿多为死胎或木乃伊胎、弱仔。有的病猪出现神经症状，全身痉挛，倒地不起，常在3d内死亡。公猪发病后主要表现为发热、睾丸炎，一侧或两侧睾丸肿大，触之有热、痛反应。

3. 病理剖检 睾丸实质充血、出血和坏死灶；脑膜和脑实质充血、出血、水肿，脑组织呈现区域性发育不良，大脑皮层变薄；流产的胎儿胸腔和腹腔积液，浆膜有出血点，肌肉似猪肉样外观；淋巴结充血；肝脏和脾脏切面可见坏死灶；脊髓充血。

4. 防控

(1) 免疫接种 在该病流行的前1个月内完成免疫接种，后备猪可在5月龄以后免疫，对妊娠母猪可进行二次加强免疫。

(2) 防蚊灭蚊 在蚊虫活动频繁的季节应进行防蚊灭蚊。

(3) 加强饲养管理 搞好猪舍的环境卫生，按计划进行消毒、除虫和接种疫苗。该病发生时没有特效治疗药物，对发病猪可采取对症治疗和加强护理，以提高防治效果。

(五) 弓形虫病

猪弓形虫病是由刚第弓形虫引起的一种人兽共患原虫病。猪弓形虫多寄居在宿主细胞内部，并随血液流动到身体的各个部位，损伤心脏、脑部和眼底，造成宿主的抵抗能力下降。猪场一旦感染弓形虫，则会迅速波及全场，造成重要经济损失。

1. 传染源及传播途径 患病或带虫的宿主和终末宿主均会成为感染源。

滋养体存在于患病动物的唾液、痰、粪便、尿液、乳汁、肉类、内脏、淋巴结、眼分泌物，以及急性病例的血液和腹水中。本病主要经消化道、呼吸道、损伤的皮肤和黏膜及眼感染，母体血液中的滋养体还可以通过胎盘感染胎儿，且先天性感染的仔猪比出生后感染的仔猪病情要严重得多，而母猪却极为轻微。本病发生无明显季节性，当气候变化、营养不良、母猪妊娠时可发生感染。

2. 临床症状　一般急性感染初期，病猪体温升高达 40.5～42℃，呈稽留热，精神沉郁，食欲减退或废绝。有的呼吸困难，呈明显的腹式呼吸，犬坐姿势，咳嗽、呕吐，流出黏液样鼻液；多便秘，有时下痢，便中带有黏液和血液；体表淋巴结，尤其是腹部淋巴结明显肿大；后肢无力，行走摇摆。随着病程发展，在耳翼、鼻盘、胸腹下及四肢内侧出现红斑，后期红斑呈暗红色至紫黑色。最后病猪呼吸极其困难，卧地不起，体温下降，窒息而死，死前从口、鼻流出淡黄色黏液，死亡率高达 60%以上。妊娠母猪除出现以上症状外，后期常出现流产，产后出现死胎或发育不全的活仔。流产后症状迅速减轻或消失。

3. 病理剖检　急性病例出现全身性病变，淋巴结、心脏、肺脏、肝脏等肿胀、变大，并伴有出血点和坏死灶；肠腔和腹腔内部可见大量渗出液。急性病变主要见于仔猪。慢性病例可见各脏器水肿，并有散在坏死灶，慢性病变常见于年龄大的猪只。隐性感染的病例其病变部位主要在中枢神经系统，尤其是脑组织内有包囊存在，偶尔能看到神经胶质增生性或者肉芽肿性脑炎。

4. 防控　猪弓形虫病发生的直接原因是猪摄入猫粪便中的卵囊。因此，猪舍内禁止养猫，并时刻注意防止猫进入养殖场内，饲养人员不得与猫接触；注意饮水及饲料不被猫粪便污染，养殖场内平时要严格执行灭鼠灭蚊计划。尽管大部分消毒药对弓形虫的卵囊没有效果，但可以使用蒸汽或加热的方法来杀灭弓形虫卵囊。认真遵照免疫程序对猪群进行免疫，加强猪场日常的饲养管理，增强整个猪场的猪只免疫力，对于预防猪弓形虫病的发生也有非常重要的意义。

5. 驱虫　于一年春、秋两季各进行一轮，每轮 2 次，隔周 1 次。体内驱虫选用伊维菌素或左旋咪唑（片剂）等高效驱虫药物（混入饲料饲喂），体外驱虫选用杀螨灵或虱螨净等药物作喷雾驱虫。

(六) 伪狂犬病

猪伪狂犬病是由伪狂犬病病毒引起的家畜和多种野生动物的一种急性传染病。猪感染后的临床特征因日龄而异，成年猪多为隐形感染，断奶仔猪以呼吸道症状为主，新生仔猪呈神经症状，种猪表现不孕不育。

1. 传染源及传播途径　猪是伪狂犬病病毒的储存宿主，其中妊娠母猪和新生仔猪最易感。猪伪狂犬病是通过消化道、呼吸道、损伤的皮肤及配种感染。妊娠母猪感染本病后可垂直传播，流产的胎儿、子宫分泌物中含有的大量病毒可污染环境。无论是经野毒感染猪还是经注射弱毒疫苗后的猪感染都会导致潜伏感染，具有长期带毒、散毒的特点，而且这种潜伏感染随时可能被其他应激因素激发从而暴发本病，这也是本病长期流行、很难根除的重要原因。本病的发病率和死亡率随着猪日龄的增长而下降，哺乳仔猪日龄越小，发病率和死亡率越高。本病有一定的季节性，多发生在寒冷的冬、春季节，易和猪繁殖与呼吸综合征发生混合感染。

2. 临床症状　新生仔猪感染后，多从第 2 天开始发病，病情极为严重，常发生大批死亡，甚至整窝死亡。病仔猪主要表现为体温高达 41～42℃，厌食，呕吐，下痢，精神沉郁，呼吸极其困难，眼圈发红，眼睑和嘴角肿胀，闭目昏睡，从口角流出带泡沫的黏液。继而出现明显的神经症状，表现为兴奋、鸣叫、全身发抖、前后肢叉开、痉挛、抽搐、后躯麻痹、侧卧倒地、四肢呈游泳状。腹部有粟粒大小的紫色斑点，有的甚至全身紫色。多数仔猪在出现神经症状 24～36h 后死亡，有神经症状的仔猪死亡率高达 100%。20 日龄以上的仔猪感染后的症状与 20 日龄以内的仔猪相似，病程略长，死亡率在 40%～60%。但断奶前后的仔猪若排黄色水样稀便，则病死率可达 100%。2 月龄以上的猪临床症状显著减轻，死亡率也明显下降，大多呈现一过性发热、精神不振或伴有呕吐、咳嗽、呼吸困难、腹泻等症状，多在 2～4d 恢复。但增重缓慢，饲料报酬降低。少数病猪出现神经症状，最终衰竭死亡。

妊娠母猪常呈隐性感染，若有症状也很轻微，少数表现轻微发热、精神沉郁、咳嗽、呼吸困难、便秘。随后发生流产，排出死胎、木乃伊胎及产弱仔或延迟分娩，但以产死胎为主。弱仔多于产后 1～2d 出现典型的神经症状而死亡。

本病还可以引起母猪屡配不孕，返情率高达 90%。公猪感染伪狂犬病后，表现为睾丸肿胀、萎缩，最终丧失配种能力。

3. 病理剖检　病理剖检变化主要表现为鼻腔卡他性炎症或化脓性炎症，扁桃体水肿并出现坏死灶。喉头水肿，心肌松软，心包及心肌可见出血点。肝脏和脾脏散在直径为1～2mm的灰白色坏死点，肾脏布满针尖状出血点。肠胃黏膜有卡他性出血性炎症，胃底出血。淋巴结出血、肿大。有神经症状者，脑膜明显充血、出血和水肿，脑脊液增多。气管内有泡沫样液体，肺水肿、出血。流产胎儿脑及臀部皮肤出血，体腔内有棕褐色液体潴留。肾出血，有灰色坏死点。

4. 防控

（1）坚持自繁自养。严禁从疫区引种，对引进的猪要做好隔离、检疫工作，及时淘汰阳性猪。

（2）做好免疫接种工作，目前猪伪狂犬病的疫苗有普通弱毒苗、基因缺失若疫苗、普通灭活苗等。

（七）蓝耳病

猪蓝耳病又称为猪繁殖与呼吸综合征，主要由猪繁殖与呼吸综合征病毒引起的不同年龄段的猪只发病。刚出生仔猪感染后主要表现为呼吸困难，直至衰竭而死。仔猪即使耐过，生长发育也会受阻，甚至发展成为僵猪。妊娠母猪主要表现为流产、产死胎等。该病为烈性传染性病毒性疾病，目前无有效治疗药物，只能用疫苗进行预防。

1. 传染源及传播途径　本病是一种高度接触性传染病，呈地方流行性，无明显季节性，尤以恶劣气候条件下多发。病毒仅感染猪，且不同品种、年龄与性别的猪均可感染，而妊娠母猪与不足1月龄的仔猪是该病的高发群体。该病不仅可经空气、接触感染、精液等传播，而且还可经胎盘垂直传播。另外，患病猪使用过的带有病毒的用具、器械等也可成为传染源，病猪流动同样是该病的主要感染源之一。

2. 临床症状　病猪体温明显升高，可达41℃以上；眼结膜炎、眼睑水肿；有咳嗽、气喘等呼吸道症状；部分猪后躯无力，不能站立或有共济失调等神经症状。仔猪发病率可达100%，死亡率可达50%以上，母猪流产率可达30%以上，成年猪也可发病死亡。

3. 病理剖检　脾脏边缘或表面出现梗死灶，显微镜下见出血性梗死。肾

脏呈土黄色，表面可见针尖至小米粒大小的出血斑，皮下扁桃体、心脏、膀胱、肝脏和肠道均可见出血点和出血斑。部分病例可见胃肠道出血、溃疡坏死。肺部出现从心叶近心端开始的灶性出血、淤血、肝样实质性病变，病变以心叶、尖叶为主。

4. 防控

（1）实施疫苗免疫　疫苗免疫是当前防控猪蓝耳病的主要手段。

（2）加强饲养管理　保持环境干净、卫生，对猪舍进行定期消毒，不留死角，对猪只的粪便进行无公害化处理，同时保证饲料的质量安全。

（3）科学处理病死猪　病猪或者死猪都有可能影响整个猪群的健康，因此要对其作无害化处理。

（八）口蹄疫

口蹄疫是由口蹄疫病病毒引起的偶蹄动物的一种急性、热性、高度接触性传染病，世界动物卫生组织将该病列为A类烈性传染病，我国也将其列为一类传染病。

1. 传染源及传播途径　不同品种和年龄的猪均有易感性。本病发生后，猪多为良性经过，但哺乳仔猪感染后的死亡率很高。病猪和带病猪是该病的主要传染病源。

口蹄疫的发生没有严格的季节性，但气温的高低、日光的强弱等对口蹄疫病病毒的生存有直接影响。猪口蹄疫以秋末、冬春为常发季节，春季为流行盛期，夏季较少发生。但对大群饲养的猪舍，本病的发生无明显季节性。本病传播迅速，一旦发生，往往呈现流行性或大流行性，并向周围蔓延，有时也呈跳跃式远距离传播。

2. 临床症状　病猪以蹄部出现水疱为主要特征。病初体温升高至40～41℃，精神不振，食欲减退或绝食，常卧地。蹄冠、蹄叉、蹄踵等部位出现充满灰白色或灰黄色液体的米粒大至蚕豆大的小水疱，继而水疱由小变大，相互融合，破裂后形成暗红色的烂斑。此时病猪体温降到正常，全身症状转好，经过1周后痊愈。如有细菌继发性感染，则蹄叶受到侵害，患肢不能着地，跛行，常卧地不起，甚至蹄壳脱落，致使病情复杂，病情延长。病猪口腔、齿龈、舌、鼻镜、乳房部等也可见到水疱和烂斑。本病一般良性发生，大猪很少死亡；但哺乳仔猪患病后，常因急性肠胃炎和心肌炎而突然死亡，病死率可达

60%～80%，甚至整窝死亡；病程稍长者，也可见到口腔和鼻面上有水疱和烂斑。

3. 病理剖检变化 病猪除口腔、蹄部有水疱和烂斑外，病仔猪还有卡他性出血性肠胃炎变化，心肌松软，切面有灰色或淡黄色斑点或条纹，因为像老虎身上的条纹，故称“虎斑心”。

4. 防控

（1）禁止从有疫区引进活畜或动物产品。

（2）有本病的地区，多采取以检疫诊断为中心的综合防治措施，一旦发生疫情，遵照“早、快、小”的原则，依据《中华人民共和国动物防疫法》，采取综合性的紧急措施，就地扑灭疫情。

（3）立即上报疫情，确切诊断，划定疫点、疫区和受威胁区，采取封锁、隔离、检疫、消毒等措施。在最后一头病猪痊愈或屠宰后14d内，且未出现新的病例，经大消毒后可解除封锁。

（4）发生口蹄疫时，常用与当地流行的相同的病毒型、亚型的弱病疫苗或灭活疫苗进行联合免疫预防，对疫区和受威胁区内的健康猪进行紧急接种，在受威胁地区的周围建立免疫带以防疫情扩展。

（5）疫点要进行严格消毒，粪便经堆积发酵后处理，毛、皮等用环氧乙烷或甲醛气体消毒。

（6）预防人的口蹄疫，主要依靠个人自身防护，接触病猪后立即洗手消毒，防止病猪的分泌物和排泄物落入口、鼻和眼结膜中，被污染的衣物要及时做卫生处理等。

（九）猪流行性腹泻

猪流行性腹泻是由猪流行性腹泻病毒引起的以腹泻、呕吐、脱水及哺乳仔猪高致死率为主要特征的高度接触性肠道传染病。

1. 传染源及传播途径 各种年龄的猪均可感染发病，对哺乳仔猪的危害最为严重，母猪发病率为15%～90%。猪是主要传染源，而其他温血动物虽能感染病毒，但随着血液中抗体的产生，病毒很快从血液中消失，作为传染源的可能性很小。对于本病，猪感染率高，发病率低，绝大多数感染猪病愈后不再复发，而成为带毒猪。此病主要经消化道传播，冬季多发。

2. 临床症状 猪流行性腹泻的潜伏期一般为3～8d。病猪主要临床症状是出现水样腹泻、呕吐，呕吐多发生于吃食或吃乳后。症状的轻重随猪只年龄大小而异，年龄越小，症状越重。1周以内的仔猪腹泻后2～4d，因严重脱水而死亡，死亡率平均为50%，有的高达100%。病猪体温正常或稍高，精神沉郁，食欲减退或废绝。断奶仔猪、母猪常厌食且持续腹泻4～7d后逐渐恢复正常。育肥猪、成年猪症状较轻，有的仅表现呕吐，重病者水样腹泻持续3～4d。

3. 病理剖检　尸体消瘦，脱水。胃内有多量黄色乳凝块，小肠扩张，肠内充满黄色液体，肠系膜充血，肠系膜淋巴结水肿。空肠段上皮细胞有空泡形成，表皮脱落，肠绒毛显著萎缩。绒毛长度与隐窝深度的比值由正常的7∶1变成2∶1或3∶1。

4. 防控　本病发生时无特效治疗药物，具体的防控措施有：①不从疫区和病猪场引进猪只，以免传入本病；②做好预防接种工作；③用猪流行性腹泻和传染性胃肠炎二联灭活苗接种母猪，可通过初乳保护仔猪。

（十）猪戊型肝炎

猪戊型肝炎是由戊型肝炎病毒感染引起的一种急性、自限性疾病，病毒经粪-口途径传播，其暴发和流行主要分布在发展中国家，散发病例呈全球分布。

1. 传染源及传播途径　猪戊型肝炎在全球范围内广泛流行，尤其是在发展中国家多发，我国也是猪戊型肝炎的主要流行国家之一。猪的感染很普遍，感染猪的病毒血症可持续1～2周，之后可从粪便排毒，持续时间大约1个月。能感染猪的猪戊型肝炎病毒都能感染人。

2. 临床症状　猪戊型肝炎可分为临床型、亚临床型及健康型。临床型即病猪有典型的特征性黄疸表现。病猪发病急，体温比正常猪高0.5～1℃，咳嗽、鼻塞、呼吸困难、精神沉郁、食欲下降，严重的食欲废绝，有的出现呕吐、腹痛、腹胀、腹泻，尿液呈浅黄色。少数猪可视黏膜有黄染，如眼结膜、巩膜、口腔黏膜均黄染。怀孕母猪还会出现流产和死胎。亚临床型即患猪无临床症状，但有肝炎的病理变化。

3. 病理剖检　病猪的各个脏器及组织没有明显改变，仅见肝脏部分区域轻度浊肿，肿胀部位色泽轻度变淡，质度变脆，病变周围血管轻度充血，色泽暗红。组织学检查发现，病变肝细胞发生不同程度的水疱变性，肝细胞肿大，细胞质疏松呈网状结构，色泽变淡，细胞核常被挤压到一侧。

4. 防控　戊型肝炎是一种重要的人兽共患病，目前尚无有效的治疗方法，只能采取预防措施。具体有：①做好猪戊型肝炎的防控工作，有条件的最好开展猪场戊型肝炎的流行病学调查。②加强环境管理，及时清除粪便，做好消毒工作，定期检测饲料及饮水。③猪场消灭蚊、蝇、鼠等可能传播该病毒的媒介动物。④强化饲养管理，提高猪群免疫力。⑤加强外购猪的检疫，减少外来病毒传入本场的概率，以保障本场猪的安全。⑥猪场相关工作人员应该做好自身防护工作，养成个人良好的卫生习惯。⑦加强水源和粪便管理，避免接触地表水，保证饮水清洁和食品卫生安全；对患病猪要及时进行隔离和治疗；猪肉制品和肝脏要煮熟后食用。

二、免疫接种

通常情况下，猪群每年使用猪瘟-猪丹毒-猪肺疫三联灭活疫苗于春、秋两季各免疫 1 次；钩端螺旋体菌苗、猪衣原体疫苗、O 型口蹄疫病毒疫苗、猪细小病毒疫苗、乙型脑炎病毒疫苗、猪繁殖与呼吸综合征病毒疫苗等视地区疫情进行强化免疫接种。为了验证猪群对上述各种疫苗的免疫效果，可在第 2 次取样前 1～2 月对猪群进行普免，以验证血清抗体的阳性率。表 8-3 列出贵州小型猪猪群进行干预前后，病原微生物与寄生虫携带的变化。

表 8-3　实施干预前后贵州小型猪病原微生物与寄生虫携带的变化

检测项目	样本来源	检测方法	控制措施前检出率（%）	控制措施后检出率（%）
金黄色葡萄球菌	呼吸道	形态检查、生化反应	33.33	17.39
皮肤病原真菌	体表	形态检查	9.52	0
猪疥螨	体表	形态检查	4.76	0
猪蛔虫	新鲜粪便	虫卵及成虫形态检查	9.52	0
O 型口蹄疫病毒	血液	间接血凝试验	28.57	100
猪瘟病毒	血液	酶联反应吸附试验	100	100
猪细小病毒	血液	酶联反应吸附试验	33.33	95.65
乙型脑炎病毒	血液	乳胶凝集试验	23.81	95.65
猪繁殖与呼吸综合征病毒	血液	酶联反应吸附试验	0	91.30
衣原体	血液	间接血凝试验	52.38	95.65
钩端螺旋体	血液	凝集试验	23.81	100

免疫程序表分别见表 8-4 至表 8-6。

表 8-4 生产母猪免疫程序

免疫时间	疫苗品种	毒株	方法	剂量（mL/头）	作用	备注
产前 60d	副猪嗜血杆菌病疫苗	灭活苗	左耳后肌内注射	2	预防副嗜血杆菌引起的脑膜肺炎，提高母源抗体水平及保护仔猪	参考
产前 45～55d	猪繁殖与呼吸道综合征疫苗	弱毒苗	右耳后肌内注射	2	预防猪繁殖与呼吸综合征引起的间质性肺炎，提高母源抗体水平及保护仔猪	
产前 40d	副猪嗜血杆菌病疫苗	灭活苗	左耳后肌内注射	2	加强免疫	参考
产前 30～35d	传染性胃肠炎＋流行性腹泻疫苗	灭活苗	交巢穴肌内注射	4	提高母源抗体水平，预防仔猪传染性胃肠炎和流行性腹泻	
产前 21～28d	伪狂犬病疫苗	弱毒苗	右耳后肌内注射	2	提高母源抗体水平，预防仔猪消化道和呼吸道症	
	大肠埃希氏菌病自家苗	灭活苗	左耳后肌内注射	4	提高母源抗体水平，预防仔猪黄白痢	
产后 15d	猪繁殖与呼吸道综合征疫苗	弱毒苗	右耳后肌内注射	2	预防猪繁殖与呼吸综合征引起的肺炎及繁殖障碍	
产后 10d	细小病毒病疫苗	弱毒苗	左耳后肌内注射	2	预防细小病毒引起的胆汁障碍	
产后 20d	伪狂犬病疫苗	弱毒苗	右耳后肌内注射	2	预防伪狂犬病病毒引起的胆汁障碍	
产后 25d	猪瘟疫苗	兔化弱毒苗	左耳后肌内注射	2	预防猪瘟	
	口蹄疫疫苗	O 型浓缩灭活苗	右耳后肌内注射	2	预防口蹄疫	
每年 3 月底	乙型脑炎疫苗	弱毒苗	左耳后肌内注射	1	预防乙脑病毒引起的胆汁障碍	

表 8-5 商品仔猪免疫程序

免疫时间	疫苗品种	毒株	方法	剂量（mL/头）	作用	备注
出生后 7d	气喘病疫苗	灭活苗	左耳后肌内注射	1	预防支原体引起的肺炎	
出生后 18d	猪瘟疫苗	兔化弱毒苗	右耳后肌内注射	2	预防猪瘟	
出生后 21d	气喘病疫苗	灭活苗	左耳后肌内注射	1	加强免疫	参考

（续）

免疫时间	疫苗品种	毒株	方法	剂量（mL/头）	作用	备注
出生后 24d	猪繁殖与呼吸综合征疫苗	弱毒苗	右耳后肌内注射	1	预防由猪繁殖与呼吸综合征引起的间质性肺炎及继发引起的呼吸道疾病	
出生后 30d	口蹄疫疫苗	O 型浓缩灭活苗	左耳后肌内注射	2	预防口蹄疫	
出生后 35d	伪狂犬病疫苗	弱毒苗	右耳后肌内注射	1	预防由伪狂犬病引起的仔猪脑脊髓炎、腹泻及呼吸道综合征和生长发育受阻	有母源抗体的则可适当推迟到出生后 50～60d
出生后 60d	猪瘟疫苗	兔化弱毒苗	左耳后肌内注射	2～4	预防猪瘟	加强免疫
出生后 70d	口蹄疫疫苗	O 型浓缩灭活苗	右耳后肌内注射	2	预防口蹄疫	加强免疫
上市前 30d	口蹄疫疫苗	O 型浓缩灭活苗	左耳后肌内注射	2	预防口蹄疫	参考

注：遇严重呼吸道系统综合征时，猪场应该考虑使用猪副嗜血杆菌疫苗。

表 8-6 后备公母猪免疫程序

免疫时间	疫苗品种	毒株	方法	剂量（mL/头）	作用
配种前 70d	猪繁殖与呼吸综合征疫苗	弱病毒疫苗	左耳后肌内注射	2	预防由猪繁殖与呼吸综合征引起的间质性肺炎及繁殖障碍和呼吸道综合征
配种前 60～65d	气喘病疫苗	灭活苗	右耳后肌内注射	2	预防支原体引起的肺炎
配种前 55d	伪狂犬病疫苗	弱病毒疫苗	左耳后肌内注射	2	预防由伪狂犬引起的繁殖障碍和呼吸道综合征
配种前 48d	口蹄疫疫苗	O 型浓缩灭活苗	右耳后肌内注射	2	预防口蹄疫
配种前 40d	猪繁殖与呼吸综合征疫苗	弱病毒疫苗	左耳后肌内注射	2	加强免疫
配种前 33d	乙型脑炎疫苗	弱病毒疫苗	右耳后肌内注射	2	预防繁殖障碍
配种前 25d	细小病毒病疫苗	弱病毒疫苗	左耳后肌内注射	2	预防繁殖障碍
配种前 15d	猪瘟疫苗	兔化弱病毒疫苗	左耳后肌内注射	2	预防猪瘟

注：1. 1～150 日龄时期参照商品仔猪免疫程序执行；

2. 购入外来种猪时应该重新注射商品仔猪猪瘟疫苗、伪狂犬病疫苗、猪繁殖与呼吸综合征疫苗和口蹄疫苗。

第九章
近交系五指山猪资源开发品牌建设

第一节 近交系五指山猪动物模型研究与利用

近交系五指山猪基因高度纯合，遗传性能稳定，便于医用产品标准化、商品化、规模化生产，近交繁育 SPF 猪生产成本低、效益高，试验结果重复一致性能好，具有可靠性、科学性，是哺乳动物遗传结构基因组学与功能学研究的很好材料。已先后向社会提供试验用猪上千头，有力地推动了生物医学产业链及近交系分子遗传机理的研究发展。

一、用于动物疾病模型研究

自 20 世纪 90 年代起，首先已大量应用于动物疾病模型研究，近交系五指山猪独特种质特性是理想的动物模型，具有耐近交、遗传稳定、PERV 无传染性，生理解剖、生长发育、器官大小、营养代谢等近似人类，是理想的动物模型。30 年来边培育边应用，已向北京、天津、四川、辽宁等地先后提供上千头试验用猪，成功用于糖尿病、心血管疾病模型、药物鉴定、转基因水稻食品安全、猪-猴肝脏异种移植、生物辅料等诸多方面。

2018—2019 年，澳洲新南威尔士大学利用近交系猪建立微型猪代谢综合征（MetS）模型，并通过食物诱导药物辅助，建立代谢综合征伴早期心力衰竭（MetS_HF）的模型。两个模型都需要避免发生动脉粥样硬化的症状，使用正常微型猪及疾病模型微型猪，通过比较植入心脏辅助仪器前后血液动力学和影响的改变，检测心脏辅助仪器的功能。均取得了预期效果，推动试验用小型猪在生物医药的应用。

二、是开胸、开腹大手术及器官移植的理想供体与材料

四川蓝光英诺生物科技股份有限公司将生物科技 3D 打印血管作为腹髂动脉主动脉移植，验证了近交系五指山猪相比其他猪具有耐受性好、术后愈合快等优势，并已将百余头近交系五指山猪用于 3D 打印血管临床大动物验证试验，均获得理想结果。北京朝阳医院急诊室在心脏休克恢复研究中也得到证实，即近交系五指山猪心脏停止波动 8min 后还可复活，其他品种试验猪心脏停止波动 5min 则无法复活。20 世纪 90 年代末，北京友谊医院进行猪肝脏同种异体移植试验，以及中国农业科学院畜牧研究所利用长枫杂交猪和近交系五指山猪进行营养代谢试验时，均需进行回直吻合术，普通长枫杂交家猪手术后食欲大减、体况日下，直至消瘦而死；而 10 头近交系五指山猪进行回直吻合术后，经过一段时间恢复后可正常维持生命，其中最长存活时间达 2 年，但对猪瘟病毒极为敏感。以上研究均证明，近交系五指山猪具有较强的耐受性等特性。1981—1984 年，在农场普通条件下开展的猪胚胎移植研究中发现，一般家猪手术冲卵 1 次后因子宫粘连严重不能再用第二次；但笔者等解剖发现，近交系五指山猪冲卵 3 次仍可正常妊娠。这一种质特异性可在异种移植中发挥独特的作用。

三、建立多项体细胞干细胞应用平台

随着试验用近交系猪在生物医药的深层次、多方位大量研究与应用，现已逐步建立起了多项体细胞、干细胞应用平台。例如，建立的猪胎儿成纤维细胞库，为制备不同猪种基因修饰猪提供了修饰、改造的原始材料；用近交系五指山猪体细胞系，如耳组织细胞、间充质细胞等，建立了皮肤干细胞系、间充质干细胞；建立的 3 株皮肤干细胞株传至 F_{20}，获得了 15 个胎儿成纤维细胞株；建立了五指山猪骨髓间充质干细胞和脐带间充质干细胞细胞株，搭建了成体干细胞分离技术平台，为五指山猪种质资源的保存提供了新途径。

四、是哺乳动物遗传结构基因组学与功能学研究的最佳材料

大量研究证实，猪基因组包括 18 对常染色体和 1 对性染色体（X 和 Y），

猪与人具有普遍的同源性。猪-人的共线性平均较高，且高于犬-人和小鼠-人的共线性。

在许多器官和功能上，猪的解剖和生理与人体相似，因此猪通常被认为是一个很好的生物医学研究模型。

五、获得转 *PCSK9* 基因的近交系五指山猪及表型数据

构建了 PCSK9 D374Y 肝脏特异性过表达载体，验证了该过表达载体的体外功能。结果显示，外源 *PCSK9* 基因能够在 HepG2 细胞中转录和翻译，且成熟的 PCSK9 蛋白能正常分泌，并介导 LDLR 降解。另外，*PCSK9* 基因的过表达能够显著抑制 HepG2 细胞胆固醇的流出，显著抑制 HepG2 细胞的迁移。

利用电转染方法将线性化的过表达载体转入近交系五指山猪胎儿成纤维细胞中，获得了转 D374Y-PCSK9 过表达载体的阳性细胞，通过体细胞核移植方法获得了转 D374Y-PCSK9 过表达载体的转基因猪。检测结果显示，*D374Y-PCSK9* 基因完整地插入猪的基因组中，人 *PCSK9* 基因能在猪肝脏内正常转录且不影响猪内源性 *PCSK9* 基因的转录。蛋白 Western blotting 检测结果与 RNA 水平检测的一致。由此可见，人 *D374Y-PCSK9* 基因整合到猪基因猪中能够正常转录与翻译。D374Y-PCSK9 转基因猪和野生型对照猪的 HE 染色结果显示，转基因猪肝脏表现为肝窦扩张，肝细胞脂肪变性，肝小叶上可见淋巴细胞浸润，且肺脏的肺泡腔中有黏液和脱落的肺泡细胞浸润。

六、获得 2 型糖尿病动物模型

大量研究结果证实，2 型糖尿病是多基因引起的遗传易感性疾病。由于小型猪与人类的高度一致性，因此成为 2 型糖尿病胰岛素抵抗机制研究很有潜力的模型，有望用于确定导致糖尿病并发症的机制，以及开发和测试新的治疗手段。现在最常用的 2 型糖尿病模型是高脂饮食配合小剂量 STZ 诱发的大鼠模型，这种方法在猪体内的实现将大大缩短模型诱导时间。单纯高糖高脂食物诱导 2 型糖尿病自发性糖尿病在猪群中很少发生，但是能够通过高糖高脂饮食人工诱发 2 型糖尿病。猪喜甜食，一般能够耐受高糖高脂饲料。

陈华等（2015）报道，利用高糖高脂饲料同时诱导广西巴马小型猪、近交系五指山小型猪和农大小型猪（源自贵州小型猪），结果最早可诊断糖尿病的为1头广西巴马小型猪，在应用诱导饲料后第5个月空腹血糖达到13.05mL/L。持续诱导8个月，可诊断为糖尿病的小型猪共计3/18头（2头五指山小型猪、1头巴马小型猪），糖尿病前期的3/18头（2头五指山小型猪、1头巴马小型猪），糖代谢无明显异常的小型猪有12头（2头五指山小型猪、4头巴马小型猪和6头农大小型猪）。这一结果提示，单纯高糖高脂食物能够诱导小型猪发生2型糖尿病，发生稳定的2型糖尿病需1年以上，而且并非全部小型猪发病。说明不同品种小型猪对糖尿病的易感性有差异，五指山小型猪相对比较易感，农大小型猪不易感。初步表明，近交系五指山小型猪较其他品系小型猪适合于糖尿病动物模型制备。

七、应用前景广阔

用于重大疫病防控研究SPF小型猪近交系，已净化了14种病原，且遗传稳定，可大量应用于重大动物疫病致病机理、免疫机制及防控技术研究。标准化SPF近交系小型猪将对保障我国养猪业健康发展与防控疫病提供强有力的技术支撑，也可加快多种严重危害畜牧业的烈性病的研究进度，从而加强相关疫病的防控工作。

标准化SPF近交系小型猪对提高传统疫苗产品的产量和质量、研制新型高效疫苗、发展兽用疫苗产业、满足兽医生物制品和人用疫苗研发等有重要意义。同时，可用作高品质生物制品原料获取的主要来源，如提供合格的高品质SPF猪阴性血清，促进猪病相关的基础研究、检测方法的建立等。

标准化SPF近交系小型猪在解剖学、生理学、疾病发生机理等方面与人相似，目前已被广泛运用于心血管病、糖尿病、皮肤烧伤、血液病等多方面研究，在生命科学研究领域中具有重要的应用价值，如利用标准化SPF近交系小型猪遗传背景清晰且遗传稳定等优势，研究先天性遗传性疾病，来提高研究结果的准确性和可靠性。

人源化多基因修饰猪，用作异种器官移植的供体是人类异种器官移植的重要来源，可为人类开展异种器官移植和生物材料提供充足的供体材料，具有高度的多样性及潜在的器官移植价值，将在畜禽疫病防控、畜禽种业创新、器官移植、医学模型创制和公共卫生风险防范等方面发挥巨大的潜力。

第二节 近交系五指山猪角膜应用研发

猪-猴异种角膜移植是第一个搭建的近交系五指山猪产业化技术平台。以近交系五指山猪为材料，北京同仁医院从事猪角膜异种移植研究已有20年之久，北京盖兰德生物科技有限公司开展的近交系内源性递转录病毒无传染性五指山猪角膜产品目前处于临床前动物试验阶段。本节主要介绍国内外异种角膜移植研究进展，利用我国近交系五指山猪取得猪-恒河猴异种角膜内皮移植研究所取得的成果，近交系五指山猪角膜后弹力层角膜内皮植片的成功制备，以及猪-猴的异种移植处于临床动物试验阶段等配套的技术最新研究成果。

一、异种角膜移植研究进展与现实意义

猪繁殖能力强，供体材料易得，组织器官在解剖、生理参数上与人类相近，胰岛移植已在一定程度上成功获得临床应用。现有的研究已证实，猪角膜在组织结构、光学特性、生物力学参数（弹性、抗牵拉力等）等方面都与人角膜有较高的相似度，这些都使猪成为目前异种移植的首选供体、以猪作为角膜供体，非人灵长类动物（主要是猴）作为受体的异种角膜移植动物模型研究已成为目前国际公认的异种移植临床前研究的“金标准”。另外，随着基因工程技术的快速发展，基因敲除猪和转基因猪在抑制/降低异种移植免疫排斥反应发生、发展和免疫调节方面的独特优势已经得到证实，成为目前异种角膜移植领域的研究热点，有望为异种角膜移植真正应用于临床铺平道路。

（一）猪异种角膜移植的可行性

异种角膜移植具有理论上的可行性，主要取决于角膜的免疫特赦状态和异种角膜（主要是猪角膜）在组织结构、光学与生物力学特性等方面与人角膜较为相似。

角膜特殊的组织结构特点，是其免疫特赦状态得以维持的基础，主要体现在：①角膜组织透明，无血管和淋巴管，外周的抗原递呈细胞和炎症细胞难以通过此途径进入角膜；②角膜基质内仅有少量的抗原递呈细胞；③角膜内皮细胞间的紧密连接构成所谓“角膜-房水屏障”，使得房水内的细胞和蛋白质难以进入基质内；④角膜内皮和上皮细胞低表达主要组织相容性复合体Ⅱ类分子

(MHC-Ⅱ),并高表达 Fas 配体(CD95L),能够使与其结合的 T 细胞凋亡;⑤角膜上皮持续表达一些补体调节蛋白,如衰退加速因子(CD55)、C1 抑制分子、C3 抑制分子、beta 1H、膜辅助蛋白(CD46、CD55、CD59)等,这些分子可以保护自体细胞免受补体介导的损伤;⑥房水内存在游离的 Fa 配体、IL-10 等负性免疫调节分子,使得前房处于免疫偏移状态。以上结构特点都使角膜处于相对的免疫特赦状态,也为角膜移植提供了不同于带血管大器官移植的特殊免疫环境。事实证实,异种角膜不会出现超急性排斥反应的情况。

另外,猪角膜在组织结构、光学、生物力学等特性方面都与人角膜有较多的相似性。猪角膜直径比人的要大,实际角膜移植中一般需要的角膜植片直径为 6~8mm,因此猪角膜大小对于异种移植来说是充足的。在组织结构方面,猪角膜包含与人角膜相同的 5 层结构,所不同的是各层结构比人略厚。例如,人角膜上皮一般由 5 层细胞构成,而猪角膜上皮则由 7~9 层细胞构成。猪角膜在前弹力层结构、屈光力及抗冻融诱导损伤等方面都与人角膜极为相似。

(二)我国近交系五指山猪-猴异种角膜移植应用研究进展

目前,我国异种角膜移植研究主要供体为近交系五指山猪等品种,利用其角膜进行异种移植具有独特优势。为此,潘志强团队于 2007 年首次完成真正为验证猪角膜有替代人角膜潜质而建立的近交系五指山猪-恒河猴模型试验。这一试验证实了野生型猪作为角膜供体的潜质,并证实了角膜异种移植不会发生超急性排斥反应,植片排斥主要由细胞免疫介导,局部使用激素对于延长植片存活起到非常重要的作用。

近交系猪板层角膜不包含内皮,避免了由细胞免疫造成的内皮型排斥反应,因而大大提高了植片的存活时间。因此,之后的猪-猴异种角膜移植动物模型多以前部板层角膜移植为主。2011 年,潘志强团队以近交系五指山猪为材料,又分别用新鲜猪板层角膜和脱水板层角膜建立近交系五指山猪-恒河猴异种角膜试验模型,并比较了两者之间抗原性和局部使用激素(曲安奈德)对植片存活的影响。结果显示,脱水猪板层角膜发生迟发性排斥反应的概率要低于新鲜板层角膜,即便在没有使用激素的新鲜板层角膜组,除一个植片发生明显排斥外,其他植片保持透明存活也超过 6 个月,排斥植片的病理检查显示浸润的细胞主要是淋巴细胞和嗜酸性粒细胞。

鉴于新鲜猪全层角膜在不使用免疫抑制条件下存活率不高的情况,2013

年潘志强团队以骨髓移植为手段建立近交系五指山猪-恒河猴骨髓嵌合体模型，并在该模型的基础上进行穿透性角膜移植试验研究。结果发现，骨髓嵌合对于诱导受体免疫耐受具有一定的作用，可以延长植片存活时间。除骨髓嵌合外，2015 年 Choi 等进行了抗 CD154 抗体阻断 CD40-CD154 T 细胞共刺激激活试验，开展了联合全身及局部激素免疫抑制治疗来延长植片存活时间的试验研究。他们以 SPF 级的 SNU 小型猪（WT）作为供体、恒河猴作为受体，建立猪-猴异种穿透角膜移植的动物模型。结果令人鼓舞的是，使用抗 CD154 组植片的存活时间最长超过 933d，而仅适用局部（地塞米松）和全身激素（醋酸泼尼松龙）治疗的植片存活时间都未超过 1 个月。

二、近交系猪角膜 DSAEK 植片移植技术

角膜移植手术是使角膜盲患者复明的唯一有效手段，但是全球范围内角膜供体来源不足严重制约着角膜移植事业的发展。长久以来，研究人员一直在寻找能够替代人角膜的其他材料，如生物合成角膜、人工角膜、羊膜和动物角膜。在这些替代品中，猪角膜是目前最具临床应用前景的材料，因为其组织结构与光学特性与人角膜相似。此外，猪角膜数量多、易获取且少有伦理限制。

（一）近交系猪角膜 DSAEK 植片移植可能出现排斥的原因和机理

为探讨异种 DSAEK 可行和有效的临床应用前景提供科学理论依据，研究人员开展了近交系猪角膜 DSAEK 植片移植可能排斥的原因和机理研究，角膜供体为 10～12 个月的近交系五指山猪（第 22 代），受体为 30～45 个月的雄性恒河猴。

以近交系五指山猪为角膜供体，9 只恒河猴被分为两组。在 DSAEK 组（$n=7$），首先通过撕除后弹力层的方法建立大泡性角膜病变动物模型，而后进行角膜内皮移植。在对照组（$n=2$），仅撕除后弹力层建模。术后 DSAEK 组每 10d（共 10 次）于结膜下注射倍他米松 3.5mg 抗排斥，术后所有恒河猴使用裂隙灯显微镜观察植片存活情况共 6 个月。此外，前节 OCT 和共聚焦显微镜被用来观察植片存活和贴附情况，免疫组织化学、免疫荧光、T 细胞亚群比例、房水细胞因子浓度及血浆中抗-GAL 抗体浓度测量被用于探讨异种 DSAEK 排斥机理。即：依据成熟的技术进行了近交系五指山猪 DSAEK 植片制备、恒河猴大泡性角膜病变模型建立和异种 DSAEK 角膜

内皮移植，使用后弹力层撕除的方法建立大泡性角膜病变的模型（从略）、并进行恒河猴外周血 T 淋巴细胞亚群检测、恒河猴血浆中抗-GAL 抗体检测、房水中细胞因子浓度检测、组织病理学检查（免疫组织化学和免疫荧光）和统计学分析。

（二）研究结果

11 只恒河猴在手术过程中未出现任何操作失误或术中并发症。除 M5 在术后第 58 天因不明原因死亡外，其他恒河猴在整个观察期健康状况良好。在术后 30d 内，有 5 只恒河猴（M1、M2、M5、M6 和 M7）的角膜植床恢复透明，并且恢复到原本的角膜厚度；4 只恒河猴的内皮植片存活超过 180d（M1>270d、M2>298d、M6>180d 和 M7>180d），并且最长的 1 只存活超过 298d（M2）；相反，有 2 只恒河猴（M3 和 M4）的植片在术后 30d 内即发生排斥，表现为植片透明性丧失、基质水肿增加和新生血管形成。

对照组角膜混浊，伴随角膜水肿和新生血管化而逐渐加重。在 DSAEK 试验组中，5 只恒河猴（$n=5/7$）植床在术后 30d 内重新恢复透明，5 只中的 4 只恒河猴移植内皮植片后，在结膜下仅注射倍他米松的条件下可存活超过 180d（>180d、>180d、>298d 和>270d）。另有 2 只恒河猴内皮植片在术后 30d 内即发生排斥。前节 OCT 和共聚焦显微镜显示，存活植片与植床贴合紧密，并且角膜内皮细胞密度在术后 6 个月仍多于2 000个/mm^2。免疫组织化学结果揭示，大量 T 细胞（$CD4^+$ 和 $CD8^+$）和巨噬细胞在排斥植片中浸润，B 细胞也有少量存在。此外，抗猪特异性抗体（IgG）和补体（C3c）也参与到排斥反应中。但是，T 细胞亚群比例和房水中细胞因子浓度（IL-6 除外）在植片排斥与未排斥的恒河猴之间却没有显著差异。

本研究首次成功地将近交系五指山猪角膜 DSAEK 内皮植片移植给灵长类动物，异种内皮移植显示出了治疗大泡性角膜病变的有效性，并能使受体植床在整个观察期内都保持透明。更重要的是，多数植片在仅局部使用激素的条件下存活时间能够超过 180d。通过本研究，异种 DSAEK 的可行性和有效性得到了证实。

（三）近交系五指山猪角膜 DSAEK 植片猪-猴异种移植临床试验

近交系五指山猪角膜 DSAEK 植片猪-猴异种移植临床试验效果的有效性，

以及2003年Amanso等试验结果证实，野生型猪角膜基质在3只猕猴基质囊袋内的存活时间分别为75d、165d和180d，但免疫组织化学检查却并未发现猪角膜基质内有α-1，3-半乳糖的存在，只是发现植片内有$CD4^+$、$CD8^+$或$HAM56^+$细胞浸润。为利用开展近交系PERV无传染性五指山猪角膜DSAEK植片，为猪-猴异种角膜移植临床前试验提供了理论和技术支持。为此，经多方专家论证，制定了《近交系五指山猪角膜DSAEK植片猪-猴异种移植临床试验》实施方案，包括《近交系五指山猪-恒河猴异种角膜内皮移植有效性及安全性的试验研究》《近交系五指山猪角膜内皮组织片治疗大泡性角膜病变的安全性及有效性的初步研究》。目前两项试验研究正在同步顺利进行。有关DPF动物试验微生物筛查及培育标准，参阅湖南省地方标准《异种移植用无指定病原体医用供体猪》（BD 43T 959.2—2014）和国际最新研究进展，以及FDA对医用动物标准，制定《DPF级试验用猪标准及微生物学监测标准》。

三、PERV无传染性近交系五指山猪角膜异种移植临床应用展望

（一）近交系五指山猪角膜具有与人类近似的优势

近交系五指山猪角膜厚度、屈光度及大小，较之其他品种猪近似人类，是人类异种角膜内皮移植理想的供体材料。自2000年起，北京同仁医院眼科专家，就从事了近交系五指山猪-恒河猴穿透性角膜移植研究，通过不断改进移植方法与措施，结合术后结膜下注射复方倍他米松注射液等，不断取得新进展，其猪-猴植片存活时间由15d增之到3个月、6个月，2007年近交系五指山猪-恒河猴穿透性角膜移植，直至存活280d。

（二）猪-猴异种角膜内皮移植取得突破性进展

2016—2017年，按照国际异种移植联合会规定的技术方法，完成猪-猴角膜内皮移植13例，其中最长存活时间超过500d，达到《异种角膜进入临床试验的条件》的要求，即完成10例猪-猴角膜内皮移植试验。其中，连续有6例获得成功，存活3个月以上，即可进行临床试验研究。目前尚无猪-猴异种角膜内皮移植成功的研究报道，该移植存活时间是国际猪-猴角膜内皮移植存活最长技术指标。

（三）角膜内皮细胞有着广阔的开发利用前景

依据角膜移植技术分类及其适应证，可将其角膜盲病患者与治疗分为三类。其中，角膜病变（感染后）、适合外伤占20%，适于脱细胞角膜治疗；严重的角膜炎、角膜溃疡部分先天性角膜疾病的患者，中央性角膜白斑、角膜变性、圆锥角膜、顽固性角膜炎或溃疡及角膜瘘约占40%，适于脱细胞角膜治疗；其余像白内障术后角膜内皮失代偿，即大泡性角膜病变先天性角膜内皮营养不良、外伤性角膜内皮损伤、单纯疱疹病毒型角膜内皮炎、急性青光眼反复发作导致的角膜内皮失代偿等约占40%，适于膜内皮异种移植治疗。据资料报道，由于捐献供体较多，美国每年行角膜内皮细胞移植手术为22 000例；而我国由于角膜内皮异种移植产品短缺，每年移植量不足1 000例，但每年此类患者均在8万人以上，所以研发一种替代角膜移植治疗角膜盲病患者恢复光明尤为重要。与传统全层角膜移植相比，角膜内皮移植具有术后视力恢复快、视觉质量更好、角膜感觉神经保存完好、无缝线相关并发症（炎症、新生血管、大散光、异物感）和更低的排斥反应发生率等优势。近交系五指山猪角膜内皮异种移植产品可使40%的角膜盲病患者恢复光明，是一项惠及千万大众、具有广阔的开发前景的事业。

（四）制定了一系列生物器械临床试验规范和技术操作细则

目前，制定了一系列生物器械临床试验规范和技术操作细则并经过同行专家评议通过，如近交系五指山猪角膜内皮组织片治疗大泡性角膜病变的安全性及有效性初步研究、猪角膜内皮植片产品临床前安全性检测原则（依据药品注册管理办法）、角膜项目临床前动物试验微生物筛查需求、五指山猪角膜内皮组织片治疗大泡性角膜病变的临床前研究和临床研究方案等，为近交系猪异种角膜产品异种移植应用奠定了基础。

第三节　近交系五指山猪 *GGTA1/β 4GalNT2* 基因双敲克隆猪的培育

利用CRISPR/Cas9技术建立近交系五指山猪 *GGTA1/β4GalNT2* 双基因敲除克隆猪；设计合成靶向猪 *GGTA1* 和 *β4GalNT2* 基因的单导向RNA (single guide RNA，sgRNA)，以 pX330 质粒为骨架，分别构建 GGTA1 和 β4GalNT2 的 Cas9 打靶载体，转染至近交系五指山猪胎儿成纤维细胞(porcine fetal fibroblasts，PFFs）中，通过 G418 药物筛选和测序鉴定获得双基因敲除的单细胞克隆，然后利用体细胞克隆技术（somatic cell nuclear transfer，SCNT）获得双基因敲除的近交系五指山猪，并利用流式细胞技术检测克隆猪外周血单核细胞（peripheral blood mononuclear cells，PBMCs）中 αGal 和 Sd（a）抗原的表达。结果成功构建 *GGTA1* 和 *β4GalNT2* 基因的 Cas9/sgRNA 表达载体，转染后获得双基因敲除的近交系五指山猪 PFF 细胞克隆 9 个。SCNT 成功获得了 8 只近交系五指山猪双基因敲除的克隆猪，其 PBMC 无 αGal 和 Sd（a）抗原的表达。CRISPR/Cas9 技术可以实现对猪 *GGTA1*/*β4GalNT2* 基因的编辑。

一、异种移植研究进展

器官移植是治疗终末期器官衰竭患者的有效方法，但器官供体严重匮乏制约了其临床应用，因而异种器官移植受到了广泛的重视。猪由于其器官形状和大小适宜，生理学和解剖学上与人相近，因此被视为异种器官移植的理想供体。然而，异种器官移植首先面临的困难就是人体的免疫排斥反应，其中最严重的是超急性排斥反应（hyperacute rejection，HAR）。HAR 是由于人体内的大量天然抗体与异种器官血管内皮细胞表面抗原相结合，引发补体系统的链式激活导致的。能够被人天然抗体识别的异种抗原主要是 α-1，3-半乳糖（αGal）表位。人在进化的过程中失去了由 *GGTA1* 基因编码合成的细胞表面 αGal 抗原，所以人类血液中存在大量的抗 αGal 抗体，若将带有 αGal 抗原的猪器官移植进入人体后，会迅速导致 HAR 的发生，从而导致移植的失败。*GGTA1* 基因敲除猪的培育成功，克服了猴和人对猪器官的 HAR 难题。但仅去除猪供体器官中的 αGal 抗原，仍无法完全克服抗体介导的排斥反应，揭示有 αGal 以外的异种抗原的存在。近来，Sd（a）抗原被证实和猪器官免疫原性相关。Sd（a）抗原由猪 β-1，4-N-乙酸氨基半乳糖转移酶（β-1，4-N-acetylgalactosaminyltransferase 2，β4GalNT2）催化合成，能够被人类和大多数非灵长类哺乳动物的抗体识别。Estrada 等（2015）发现，敲除 *β4GalNT2* 基因可以减少猪外周血单个核细胞(peripheral blood mononuclear cells，PBMCs）与人免疫球蛋白 M (immunoglobulin M，Ig M）和人免疫球蛋白 G（immunoglobulin G，Ig G）

结合。

近年来，*CRISPR*/*Cas9* 基因编辑技术由于操作简便、基因编辑效率高而受到广泛关注。Cas9 核酸酶在 gRNA 的引导下靶向定位 DNA 序列，进而诱发 DNA 双链断裂。断裂的 DNA 双链可经过两种内源性修复机制进行修复，分别为易出错的非同源末端连接和同源重组介导的修复作用，在此过程中进行敲除、敲入等编辑。CRISPR/Cas9 技术已经成功应用于基因修饰的猪等大动物模型构建。

近交系五指山猪是中国特有的培育的小型猪新品种，目前已经广泛用于烧伤、冠状动脉硬化等动物模型的建立。笔者将五指山猪进行了近交繁育，培育出了近交系数高达 0.99 以上的小型猪近交系，具有抗逆性强、性成熟早、遗传稳定、耐近交、个体之间生理生化指标和组织器官差异小一致性能好等优点，并经异体皮肤移植鉴定培育成功。本次试验拟利用 CRISPR/Cas9 将其 *GGTA1* 和 *β4GalNT2* 基因敲除，再用体细胞克隆技术，首次制备近交系五指山猪 *GGTA1*/*β4GalNT2* 双基因敲除克隆猪，对进一步培育适宜异种移植人源化基因修饰新品系，具有潜在的、重要的理论意义和实践意义。

二、研究材料与方法

(一) 材料

近交系野生型五指山猪由北京盖兰德生物科技有限公司培育。受体大约克夏猪购自江苏正大苏垦猪业有限公司，饲养于南京医科大学江苏省异种移植重点实验室大动物试验基地，自由采食（所有试验均得到南京医科大学动物伦理委员会批准）。pX330（Addgene，423230）、DH5α 感受态、质粒小提试剂盒、质粒中提试剂盒均购自北京天根生化科技公司；DNA Marker DL2000 、pMD18-T 载体购自 Takara 公司（日本）；胶回收试剂盒（QIAGEN，德国）；DMEM（dulbecco’s modified eagle medium）培养液，胎牛血清、胰酶、Penn/Strep 双抗和 PBS 缓冲液购自 Gibco 公司（美国）；FBS 购自 PAN-Biotech 公司（德国）；*Bbs* Ⅰ限制性内切酶购自 New England Biolabs 公司（美国）；Basic Nucleofector™ Kits 和细胞电转仪购自 Lonza 公司（德国）；Mix Taq 酶购自南京诺唯赞公司；BD FACSCalibur 流式细胞仪（美国）。

（二）方法

1. sgRNA 的设计与 CRISPR/Cas9 载体构建　根据 NCBI 数据库中猪 *GGTA1*（Gene ID：396733）、*β4GalNT4*（Gene ID：2100621328）基因的序列，使用 sgRNA 在线设计软件，根据 Cas9 靶点设计原则（5′端为 G，3′端为 PAM 序列 NGG）分别在第 3 个和第 8 个外显子设计合成靶向 sgRNA（序列见表 9-1），进行 5′端磷酸化修饰，并在 sgRNA 两端加上能与 *Bbs* Ⅰ 酶切位点相连接的黏性末端（由南京擎科生物公司合成）。经过引物退火，用 *Bbs* Ⅰ 酶切回收 pX330 载体，线性化 pX330 与 sgRNA 连接后即构建好 CRISPR/Cas9 载体。将载体转化进入大肠埃希氏菌后，涂布于细菌培养皿上进行培养，得到并挑取单克隆菌落，扩增培养后提取质粒，质粒送测序。根据 sgRNA 设计引物（由南京擎科生物公司合成），对 PCR 产物测序，验证是否连接正确。反应体系：20 μL；反应条件：95℃ 5 min；95℃ 30 s，退火温度 30 s，72℃ 30 s，35 个循环（退火温度与引物相关）；72℃ 7 min；4℃保存。

表 9-1　*GGTA1* 和 *β4GalNT2* 基因 sgRNA 寡核苷酸序列

名称	序列（5′→3′）
GGTA1-sgRNA-F	caccGAAAATAATGAATGTCAA
GGTA1-sgRNA-R	aaacTTGACATTCATTATTTTC
β4GalNT2-sgRNA-F	caccGGTAGTACTCACGAACACTC
β4GalNT2-sgRNA-R	aaacGAGTGTTCGTGAGTACTACC

2. 胚胎成纤维细胞的制备及单细胞克隆的获得与鉴定　收集近交系五指山猪 35 d 的胎儿，取皮肤剪碎后加入 4～5 mL 胶原酶消化液，消化 30 min 后于 38℃培养。得到猪胎儿成纤维细胞后，将 sgRNA 表达载体 GGTA1-sgRNA 和 β4GalNT2-sgRNA 与 SV-40-NeoR 质粒共转染野生型五指山猪胎儿成纤维细胞，将细胞以每个视野下 40～50 个（4 倍视野）的浓度铺板，并用含有 1 mg/mL G418 浓度的 16％胎牛血清的 DMEM 培养液进行抗药筛选去除阴性细胞，于培养 2～3d 后逐天降低 G418 浓度，用 0.3 mg/mL 浓度维持培养，经过 11d 左右的培养获得单细胞克隆。将克隆环放置在单细胞克隆的位置，

用PBS冲洗一遍后，使用0.05%胰蛋白酶消化1～3 min，挑取到48或24孔板中继续培养。48孔板中的细胞长满皿底后传代致24孔板，24孔板长满后留取1/3细胞于原孔、2/3传代于12孔板，12孔板长满后视细胞状态冻存，24孔板内的细胞消化后用NP40裂解提取基因组。将野生型、不会出现移码突变的基因组剔除后，选出*GGTA1*和*β4GalNT2*都是非野生型的基因组进行PCR产物纯化和TA克隆，每个细菌培养皿上挑取12～15个菌落测序。反应体系：50 μL，反应条件：95℃ 5 min；95℃ 30 s，退火温度30 s，72℃ 30 s，35个循环；72℃ 7 min；保存4℃（退火温度与引物相关）（表9-2）。

表9-2 *GGTA1*和*β4GalNT2*基因型鉴定引物

名称	序列（5′→3′）
GGTA1-F	CCTTAGTATCCTTCCCAACCCAGAC
GGTA1-R	GCTTTCTTTACGGTGTCAGTGAATCC
β4GalNT2-F	CCCAAGGATCCTGCTGCC
β4GalNT2-R	CGCCGTGTAAAGAAACCTCC

3. *GGTA1*/*β4GalNT2*双基因敲除五指山猪的制备与鉴定　选择获得的阳性克隆细胞进行体细胞核移植（somatic cell nuclear transfer，SCNT）。将SCNT获得的重构胚培养20～24 h，将发育良好的重构胚移植到初情期的大约克夏猪母猪体内。胚胎移植后1个月左右，即可用B超观察受体猪是否怀孕。剪取6月龄仔猪的耳组织，用试剂盒提取基因组，PCR扩增目的序列后进行TA克隆、测序鉴定来鉴定*GGTA1*和*β4GalNT2*基因突变类型。

4. GGTA1和 4GalNT2抗原表达鉴定　用无菌注射器对6月龄仔猪进行心脏采血，置于抗凝管中。取100～200 μL抗凝血，加入3倍体积的红细胞裂解液（用去离子水稀释10倍），室温静置10 min后离心（5 000 r/min，5 min），弃去上清液，用600 μL PBS漂洗3遍，获得外周血单核细胞（peripheral blood mononuclear cell，PBMC）沉淀，用抗体稀释液将抗体稀释至合适的浓度，取100 μL直标抗体重悬PBMC沉淀，冰上孵育30 min后用PBS漂洗3遍，用200 μL PBS重悬，用BD流式细胞仪检测PBMC上的抗原表达

情况。

5. 统计学分析　利用 SPSS 17.0 对猪 PBMC 中 αGal 和 Sd（a）抗原阳性细胞数量的比例进行统计学分析。应用独立样本的双侧 t 检验，置信区间为 95%，P<0.05 为差异有统计学意义，P<0.01 为有显著统计学差异，P<0.001 为有极其显著的统计学差异。

三、研究结果

（一）CRISPR/Cas9 敲除位点选择和打靶载体构建

分别选取 *GGTA1*、*β4GalNT2* 基因的第 3、8 外显子作为 CRISPR/Cas9 的靶点进行 sgRNA 的设计位，然后对构建完成的打靶载体进行测序，经过比对序列正确。

（二）*GGTA1* 和 *β4GalNT2* 双基因敲除克隆的获得与鉴定

G418 筛选后得到 68 个单细胞克隆，PCR 产物测序筛选后剩余 29 个细胞基因组，对其进行 TA 克隆测序，9 个克隆鉴定为 *GGTA1*/*β4GalNT2* 双基因敲除。彩图 11 中的 4＃、13＃、18＃、20＃、37＃、40＃、43＃、45＃、56＃，共有 9 个单细胞克隆为双基因敲除的，双基因突变效率为 13.24%，野生型 GGTA1 靶点序列为 GAGAAAATAATGAATGTCAAAGGAAGAGTGGTTCT（5′→3′），野生型 β4GalNT2 靶点序列为 GGTCTGGGTAGTACTCACGAACACTCCGGAG（5′→3′）。

（三）GGTA1-/-β4GalNT2 五指山猪的制备与鉴定

选择 13＃、20＃、45＃共 3 个单克隆冻存的细胞混合培养后为供体细胞进行核移植，构建双基因敲除克隆胚胎，先后将 2 774 枚胚胎猪移植 8 头受体，平均每头移植（346.75±6.05）枚，有 4 头妊娠（50%）。妊娠母猪中，其中 1 头流产，1 头妊娠母猪在 37d 取胎儿制作胎儿成纤维细胞（1～4 号胎儿），成功建立 GGTA1-/-β4GalNT2 五指山猪细胞系，2 头妊娠母猪产 11 头活仔、1 头木乃伊胎（部分仔猪见图 9-1）。对 6 月龄 6 头存活仔猪及 1～4 号胎儿进行基因型鉴定，均为双基因敲除，结果见彩图 12。

图 9-1 GGTA1-/-β4GalNT2 五指山猪

（四）五指山猪克隆猪体内 GGTA1 和 β 4GalNT2 抗原表达鉴定

利用流式细胞仪检测了 6 头 6 月龄五指山猪克隆猪的 PBMC 中 αGal 和 Sd（a）的抗原表达。GGTA1-/-β4GalNT2 五指山猪的 PBMC 中 αGal 和 Sd（a）抗原阳性细胞数量的平均百分比分别为 15.17%和 5.24%，而野生型近交系五指山小型猪 PBMC 中 αGal 和 Sd（a）抗原阳性细胞数量的平均百分比分别为 78.84%和 94.14%，试验组与对照组存在显著性差异［αGal，$P=0.001$；Sd（a），$P=0.000$］，表明本研究中获得的五指山猪克隆猪 *GGTA1* 和 *β4GalNT2* 基因被成功敲除（表 9-3、彩图 13 和图 9-2）。

表 9-3 野生型和 GGTA1-/-β4GalNT2 五指山小型猪 PBMC 中 αGal 和 Sd（a）抗原阳性细胞比例

仔猪编号	αGal+（%）	Sd（a）+（%）
205	11.90	8.25
207	20.50	4.33
209	13.60	2.48
211	17.40	9.93
213	14.30	3.37
219	13.30	3.10
野生型 1 号	93.00	95.90
野生型 2 号	95.80	94.90

（续）

仔猪编号	αGal+（%）	Sd（a）+（%）
野生型3号	67.60	96.40
野生型4号	60.00	96.80
野生型5号	77.80	86.70

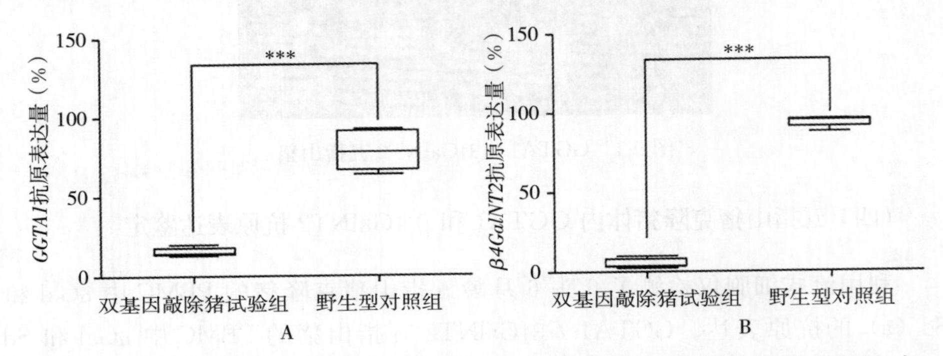

图 9-2 流式细胞仪检测野生型和 *GGTA1-/-β4GalNT2* 五指山猪的 PBMC 中 *GGTA1*、*β4GalNT2* 抗原表达的百分比

注：A 图为 GGTA1 抗原在试验组（$n=6$）和对照组（$n=5$）PBMC 中表达百分比的统计结果，B 图为 β4GalNT2 抗原在试验组（$n=6$）和对照组（$n=5$）PBMC 中表达百分比的统计结果。经过双侧 T 检验得出试验组和对照组 PBMC 中两种抗原的表达量均存在显著差异（××× $P\leqslant 0.001$）。

（五）双敲基因猪配种与扩繁

双基因敲除克隆猪生长发育正常，6～7月龄步入发情初期。将7头8月龄 *GGTA1*/*β4GalNT2* 双基因敲除克隆猪，利用近交系公猪本交方式实施配种。发情期持续2～3d，间隔20～21d。配种后的第一个情期均按时返情，第二个情期有3头分别于30d、35d返情，第三个情期才有3头配种后妊娠，其余4头分别于第五个情期配种妊娠。其返情率明显高于普通近交系猪，有待同产后第二胎配种、妊娠结果结果比对分析其原因。

四、结果分析与讨论

（一）近交系五指山双基因敲除猪首次克隆成功，具有较大的应用优势

有关 *GGTA1*/*β4GalNT2* 单基因或双基因敲除克隆猪虽有报道，但本研究

以拥有我国自主知识产权的近交系五指山猪为材料，首次培育出了近交系 *GGTA1/β4GalNT2* 双基敲除克隆猪，具有较大的应用优势。该品系耐近交、获得少量人源化基因修饰猪，便可规模化生产，便于 SPF 净化培育。其次遗传稳定性更高，子代中的个体差异小，更有利于移植供体的质控，也有利于对异种移植后产生的免疫反应进行控制。作为今后异种移植研发材料的供体，五指山小型猪还具有诸多优点，如相较于其他猪模型与人器官的大体形态、位置有更高的相似性，成年近交系五指山猪的脏器更适合于异种移植，其心冠状动脉前降支分布与中国人的相似度达到了 90%之高，在生理生化指标上与人相比绝大多数指标也相类似，具有较强的伤口愈合能力、无恶性传染特点，是比较理想的异种移植供体，也是较为理想的实验动物模型。目前，近交系五指山猪已经广泛应用在了人类疾病模型、新药监测、食品安全检测、生物制品等方面，如烧伤、修复补片、疝生物补片等，而且 2013 年猪-藏酋猴肝脏异种器官移植的成功也标志着中国异种器官移植研究跨入了更高的阶梯。

（二）近交系五指山猪 *GGTA1/β 4GalNT2* 双基因敲除猪模型的成功建立

虽然猪作为潜在的异种移植供体已经得到了广泛的认可，但是免疫排斥反应依旧是灵长类动物与猪之间的阻碍。面对的免疫排斥反应主要有：超急性排斥反应（hyperacute rejection ，HRA）、急性体液异种移植排斥反应（acute humoral xenograft rejection，AHXR）和急性细胞排斥反应（acute cellular rejection，ACR），还有血栓性微血管病和慢性排斥反应。目前解决排斥反应的最有效方法就是基因修饰，通过敲除异种抗原来延长供体在受体中的存活时间。*GGTA1* 基因敲除猪，*GGTA1*、*β4GalNT2* 和 *CMAH* 基因敲除猪先后问世，都被证明对超急性和急性排斥反应有抑制作用。本研究对 *GGTA1-/-β4GalNT2* 近交系五指山猪的 PBMC 中 αGal、Sd（a）抗原进行了流式检测，结果显示 *GGTA1-/-β4GalNT2* 双基因敲除组的抗原表达显著低于野生组（$P<0.001$），表明近交系五指山猪的 *GGTA1/β4GalNT2* 双基因敲除去除了其细胞表面的 αGal、Sd（a）抗原。

（三）获得了较理想的移植妊娠率和产仔率

本研究中先后将 2 774 枚胚胎移植给 8 头受体，平均每头移植（346.75±6.05）枚，其中 4 头受体猪妊娠（50%），最终除 1 头流产外，其余 3 头妊娠母猪产 11 头活仔、1 头木乃伊胎、5 个 37d 胎龄的正常胎儿。受体移植妊娠率 50%（4/8）、受体胚胎移植成活率 0.43%（16/2 774），该结果明显高于一般猪克隆胚胎移植 0.1%的成活率水平，明显高于同期其他研究组合，即1 539 枚移植 6 头受体，妊娠 1 头、产仔 1 头和 5 323 枚移植 22 头受体，7 头推迟返情，未得到仔猪后代。

此外，本研究获得近交系五指山猪的 *GGTA1*/*β4GalNT2* 双基因敲除克隆后代，8 月龄后实施配种其返情率明显高于普通近交系猪，可能与饲料营养水平有关，其原因有待同产后第二胎配种、妊娠结果结果比对分析。

第四节　近交系试验用小型猪的重要使用技术

近交系五指山猪基因高度纯合、遗传稳定，便于医用产品标准化、商品化、规模化生产，其近交繁育使其 SPF 猪具有生产成本低、效益高的种质特异性。本节介绍几项可靠的使用技术。

一、近交系五指山猪 SPF/DPF 净化培育技术

培育无特定病原体（specific pathogen-free，SPF）/DPF 猪一般采用剖腹取胎法、无菌接产法和胚胎移植 3 种方法。中国农业科学院北京畜牧兽医研究所 2008 年在国内率先利用 3 种方法培育 SPF 猪并获得成功。但要指出的是，传统剖腹产仔加隔离器饲养，效果虽好但费用成本较高；无菌接产加隔离器饲养法虽能起到较好的净化效果，但是难以控制分娩时间及接产人员对母猪造成的应激。自 1951 年猪胚胎移植成功以来，通过胚胎移植技术净化猪群建立了 SPF 猪群，国外已有成功先例，如德国、日本等（冯书堂，2011）。其操作依据是按照国际胚胎移植联合会（IETFS）与国际兽医检疫局（IVER）共同制定的标准和方法进行，即：要求移植胚胎在 PBS 液中冲洗 10 次后，即可除去透明带上的微生物；然后按照常规的猪胚胎移植技术，移植给无特定病原，在特定的清洁级猪场条件下产仔、培育，可获得 SPF 净化小型猪微生物的结果。

为方便读者从事小型猪试验化培育和开发利用，表 9-4 列出了我国现行的试验用猪微生物检测等级标准。

表 9-4　我国试验用猪微生物检测等级标准

四级无菌级猪	三级无特定病原体猪	二级清洁级猪	一级普通级猪	猪副伤寒杆菌
				猪瘟病毒
				弓形虫
				体外寄生虫
				猪丹毒杆菌
				猪巴氏杆菌
				猪痢疾短螺旋体
				猪肉囊虫
				链球菌（C群）
				猪细小病毒
				猪轮状病毒
				猪传染性胃肠炎病毒
				支气管败血波氏杆菌
				伪狂犬病病毒
				猪支原体（地方流行性肺炎）
				嗜血杆菌
				钩端螺旋体
				布鲁氏菌
				蛔虫
				没有非植入的一切生命体

二、近交系五指山猪股动脉隐动脉采血技术研究

随着人类比较医学的发展，试验用小型猪已广泛应用于动物疾病模型、新药鉴定、疫苗检测、食品安全，以及转基因生物材料和异种器官基础性研究和应用（冯书堂，2011）。血样采集与分析是不可缺少的技术环节，与其他实验动物（鼠、猫、兔、鸡、狗、羊等）相比，猪的皮脂较厚、血管位置相对较深、体表不易定位、体型较大、野性较强。因此，比其他实验动物采血困难，尤其于特殊试验（如血气分析需要采集动脉血），操作更不易快速完成。

为此，科技人员进行了多年的探索和学习，摸索和掌握了小型猪多项采血技术方法，如前腔静脉采集法、动脉采血法、耳静脉采集法、后肢外侧隐静脉采集血液、猪眼眶静脉窦采血法（冯学泉等，1996；孙文清，2003；刘亚千，

2008)。在牢固保定或麻醉状态下，也可以通过手术在颈内静脉留置导管进行反复采血，如前腔静脉或动脉采血法，这种方法实际操作中有一定难度。为此，可采用股动脉隐动脉采血技术，在试验短期内反复、多次采血，并且对试验用猪的伤害最小，这对于开发利用我国宝贵资源近交系猪有着更重要的现实意义。

隐动脉股动脉起于股骨中部，从小腿内侧皮下向下延伸，其位置表浅、较粗，外径约 2mm，体表操作如图 9-3 如示。

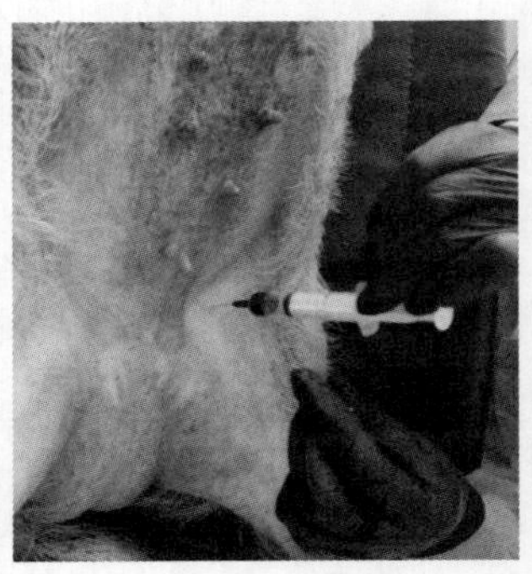
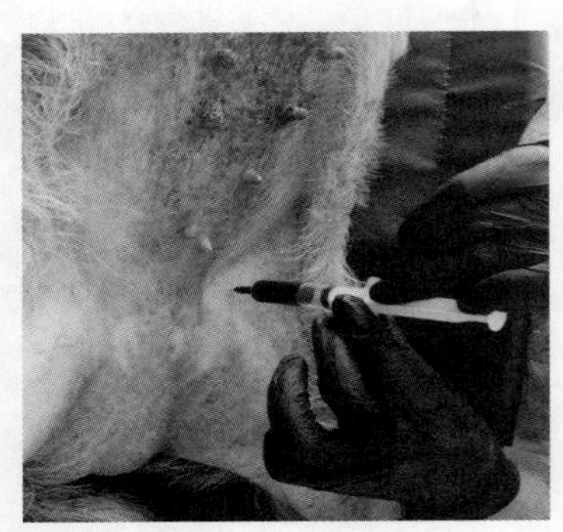

图 9-3　近交系隐动脉股动脉

用股动脉隐动脉采血，采血成功率达 100％。不仅能获得较多的血液标本，而且具有对仔猪、基础母猪等伤害性小、刺激性小，血液采集快、安全、简便、无污染等优点。

三、近交系五指山猪胰岛细胞采集技术

近交系五指山猪虽然体型小，但胰岛产量是大型长白猪的 2 倍，这就决定该近交系在胰岛异种移植技术中具有独特的应用价值和意义。因此，特意介绍胰岛细胞的采集技术。

（一）4％多聚甲醛试剂准备

将预先、配制、放在冷冻室内的原液每支 50mL 离心管含有 2g 多聚甲醛，离心管中加入 50mL PBS，盖上盖子后于 37℃水浴中孵育过夜溶解，溶解后置于 4℃保存备用。

（二）五指山猪胰腺样品的获取

（1）使用前于 5mL 离心管中加入 3mL 4％多聚甲醛溶液。

（2）猪宰杀后摘取其胰腺，分别从胰腺头部、中部及尾部切取 5mm×5mm×5mm 左右大小的组织块，然后将其置入准备好的收样管（含有 3 mL 4%多聚甲醛溶液）中（需完全浸入溶液中），放在 4℃保存。

注意：由于胰腺上有很多包被组织，因此取样的时候尽量往胰腺深处切取，确保切取的组织是真正的胰腺组织块。

参考文献

常洁，牟玉莲，刘岚，等，2007. 实验用近交系小型猪 WZSP 表皮干细胞建系的初步研究［J］. 实验动物科学，24（3）：24-25.

陈华，2015. 小型猪医学研究模型的建立与应用［M］. 北京：人民卫生出版社.

陈华，刘亚千，赵玉琼，等，2015. 2 型糖尿病易感小型猪遗传选育研究进展（一）［J］. 实验动物科学，32（2）：1-6.

陈丽玲，刘汝文，角建林，2009. 封闭群实验用小型猪突发猪瘟的诊疗和体会［J］. 上海畜牧兽医通讯（3）：88.

陈意生，2007. 现代烧伤病理学［M］. 北京：化学工业出版社.

陈芷沅，1981. 皮肤移植对近交品系小白鼠及其杂交子一代的遗传鉴定［J］. 遗传学报，4（8）：327-334.

程成，舒鹏程，彭小忠，2018. *CRISPR/Cas9* 基因编辑系统研究进展［J］. 基础医学与临床，38（4）：543-547.

程文科，阮楠，牟玉莲，等，2012. 五指山猪近交家系Ⅰ系 F19～F21 群体微卫星位点等位基因遗传变化［J］. 农业生物技术学报，20（8）：867-873.

戴小波，孙万邦，张磊，等，2012. 重组人 IL-10 对皮肤移植家兔血清中 IL-17 家族水平的影响［J］. 临床检验杂志，30（5）：351-354.

邓奎斯诺依，李幼平，2000. 移植免疫生物学［M］. 北京：科学出版社.

邓治文，陈青，左治芬，1990. 用尾部皮肤移植法对近交系小鼠遗传鉴定［J］. 四川动物，9（2）：26-27.

丁生财，陈意生，魏泓，等，2015. PERV 在猪外周血白细胞 DNA 和组织 mRNA 中的表达及其差异性分析［J］. 实验生物学报，5：351-358.

丁学义，2018. 猪细小病毒病的诊断与防治研究［J］. 农民致富之友（6）：231.

丁言伟，周大鹏，史澂空，等，2016. 小型猪在新药安全性评价中的应用展望［J］. 中国新药杂志，25（05）：543-547.

段天林，刘英，范晓梅，等，2008. DNA 指纹技术对近交系小鼠生产扩大群的遗传检测［J］. 中兽医医药杂志（6）：12-15.

范红军，王艳强，2012. 猪弓形虫病的临床症状与防治［J］. 养殖技术顾问（2）：153.

冯书堂，1999. 中国五指山小型猪［M］. 北京：中国农业科学出版社.

冯书堂，2011. 中国实验用小型猪［M］. 北京：中国农业出版社.

冯书堂，戴一凡，章金刚，等，2018. 五指山小型猪近交系异种移植产业化研发进展［J］. 器官移植，9（6）：469-473.

冯书堂，高倩，刘岚，2016. 哺乳动物近交系资源创新百年［J］. 遗传，38（3）：181-195.

冯书堂，李奎，刘岚，等，2015. 小型猪近交系新品种的培育与开发利用［J］. 农业生物技术学报，23（2）：274-280.

冯书堂，李奎，牟玉莲，等，2012. 五指山小型猪近交系培育与遗传资源创新［J］. 农业生物技术学报，20（8）：849-857.

冯书堂，吴添文，何微，等，2013. 皮肤移植排斥反应的研究进展［J］. 实验动物科学，30（3）：54-58.

冯学泉，肖富顺，李牧，等，1996. 中国农大小型猪经隐动脉股动脉穿刺方法［J］. 实验动物科学，13（1）：42-43.

付小兵，吴志谷，2007. 现代创伤辅料理论与实践［M］. 北京 ：化学工业出版社.

龚宝勇，杨镇宇，刘晓霖，等，2016. 噻拉嗪和氯胺酮复合麻醉对蕨麻小型猪血压和脉搏的影响［J］. 广东畜牧兽医科技，41（6）：24-26.

郭新苗，王莹，孟骅，等，2017. 幼年巴马小型猪背景数据的建立和结果分析［J］. 中国药物警戒，14（11）：646-652.

郭振荣，盛志勇，2000. 危重烧伤治疗与康复学［M］. 北京：科学出版社.

何凯，欧江涛，黄礼光，等，2008. 内源性逆转录病毒在五指山小型猪体内存在状况的分子微生物学调查［J］. 中国兽医学报，28（1）：68-71，93.

何微，吴添文，何雷，等，2013. *h1-calponin* 基因对五指山小型猪骨髓间充质干细胞体外成骨分化的影响［J］. 中国农业科学，46（17）：3688-3694.

侯冠彧，王东劲，管松，等，2007. 五指山猪小群体遗传学检测［J］. 家畜生态学报，28（6）：44-48.

胡开元，宋树奎，王风瑞，等，1988. 潜水医学模型动物 SMMC/B 近交系小鼠的建立及生物学特性的研究［J］. 上海实验动物科学，8（1）：8-11.

黄国勇，秦丹丹，李静，等，2012. 使用供体腹主动脉行肝动脉重建猪肝移植术的麻醉管理［J］. 广西医学，34（10）：1298-1301.

黄礼光，王希龙，欧江涛，等，2005. 应用多重 PCR 和基因扫描技术对五指山猪 13 个家系 32 个微卫星基因座的遗传分析［J］. 遗传，27（1）：70- 74.

黄树武，闵凡贵，吴瑞可，等，2017. 广东省实验用小型猪主要病原微生物学及寄生虫学调查［J］. 中国比较医学杂志，27（10）：69-73.

霍金龙，张娟，罗古月，等，2003. 近交系实验动物在生物医学等领域中的研究和应用［J］. 动物科学与动物医学，20（12）：59- 61.

蒋红梅，徐艳霞，王佳平，等，2009. 异品系大鼠皮肤移植术后血浆 IFN-γ 和 IL-4 水平的检测及意义［J］. 陕西医学杂志，38（6）：645-647.

靳二辉，彭克美，张勇，等，2007. 近交系五指山小型猪心脏的解剖学研究［J］. 中国畜牧兽医，34（11）：66-70 .

鞠慧萍，吴圣龙，陈国宏，2007. RFLP 技术的研究进展及其在猪的抗病基因研究中的应用［J］. 上海畜牧兽医通讯（2）：4-5.

李楚，任雪洋，李琳，等，2019. *GGTA1/β4GalNT2* 双基因敲除近交系五指山小型猪的建立［J］. 南京医科大学校报（6）：835-840.

李桂芬，2019. 生猪高致病性蓝耳病综合防治技术推广应用［J］. 农业开发与装备（2）：234.
李红，姜骞，林欢，等，2012. 猪瘟病毒感染的小型猪体内病毒的复制情况及淋巴细胞变化［J］. 中国兽医科学，42（6）：572-576.
李凯，冯书堂，牟玉莲，等，2009. 五指山猪 3 个近交家系内微卫星等位基因的遗传变化［J］. 中国农业科学，42（5）：1751-1760.
李凯，牟玉莲，韩建林，等，2009. 五指山小型猪近交系微卫星等位基因遗传规律的研究［J］. 畜牧兽医学报，40（3）296-302.
李谦，胡玲玲，汤德元，等，2018. 某猪场暴发猪乙型脑炎病毒感染的诊断［J］. 猪业科学，35（2）：79-80.
李瑞生，陈振文，王承利，等，2001. 近交系大鼠 DNA 指纹分析研究［J］. 中国实验动物学报，9（4）：196-200.
李士怡，王玲，1996. 实验小鼠遗传检测的皮肤移植法探讨［J］. 辽宁大学学报，23（1）：93-96.
李天芝，于新友，2017. 猪戊型肝炎的流行和防控［J］. 养猪（4）：99-101.
李雯雯，苏乔，赵广银，等，2018. 巴马小型猪麻醉状态下常规生理生化指标的测定［J］. 中国兽医杂志，54（8）：113-117.
李现胜，2015. 猪弓形虫病的流行特点及防控措施［J］. 农业知识（24）：50-51.
李幽幽，龚双燕，李小璟，等，2017. 一例猪黄疸检出戊型肝炎病毒的案例报道［J］. 养猪（4）：97-98.
李震，朱于敏，董世娟，等，2009. 戊型肝炎与兽医公共卫生［J］. 中国食品卫生杂志，21（1）：60-63.
廖洁丹，黄允真，范双旗，等，2018. 西藏小型猪对猪瘟病毒的敏感性评价［J］. 黑龙江畜牧兽医（3）：148-150.
林荣峰，何顺东，胡晓琪，等，2009. 内蒙古小型猪猪瘟的诊治［J］. 中国兽医杂志，45（11）：79-80.
刘广波，2012. 异种移植相关的猪内源性逆转录病毒的调查和实验研究［D］. 广州：南方医科大学.
刘秀英，2008. 糖尿病模型所用小鼠研究概况［J］. 国外医学卫生学分册，35（6）：333-337.
刘学龙，李云霄，王彦方，等，2005. 家兔自体皮肤移植技术试验［J］. 畜牧与兽医，37（2）：34-36.
刘亚千，李春海，陈华，2008. 小型猪采血实验方法［J］. 实验动物学，25（5）：65-67.
刘洋，马国文，武克炳，等，2012. 猪戊型肝炎的诊断与防制［J］. 内蒙古民族大学学报，18（5）：65-66.
刘振红，张长品，张勇，等，2003. 小鼠皮片移植的研究［J］. 首都医药，10（16）：37-38.
陆赢，聂惠蓉，蔡志明，等，2017. 异种移植中预防传染性病原体传播的研究进展［J］. 器官移植，805：406.
马玉媛，2009. 中国特有小型猪内源性反转录病毒的检测及特性分析［D］. 北京：中国人民解放军军事医学科学院.
孟安明，冯书堂，于汝梁，1997. 鸡的小卫星探针产生的猪 DNA 指纹图［J］. 遗传，19（1）：16-18.
孟国良，汤富酬，尚克刚，等，2002. 高效建立 129/ter、C57BL/6J 小鼠胚胎干细胞系的方法学探讨［J］. 生物工程学报，18（6）：740-743.
孟国良，滕路，薛友纺，等，2002. BALB/C 小鼠胚胎干细胞系建立的方法学探讨［J］. 遗传学报，29（7）：581-588.
牟丽莎，白图雅，谢崇伟，等，2015. 异种器官移植中猪内源性逆转录病毒的检测［J］. 深圳中西医结合杂志，25（15421）：195-199.
牟玉莲，李奎，冯书堂，2015. 小型猪近交系品种鉴定标准（草案）［J］. 实验动物科学，32（2）：34.
欧江涛，黄礼光，王希龙，2004. 五指山猪核心群 32 个基因座的遗传分析［J］. 动物生物技术学报，9（1）：171-175.
邱正良，李瑞生，王晓辉，等，2006. 用皮肤移植法对培育的近交系大小鼠进行遗传检测［J］. 中国比较医学杂志，16（10）：603-604.
曲娟娟，于婧，王滨，等，2007. 猪戊型肝炎诊断方法的研究进展［J］. 中国预防兽医学报（12）：981-984.
沈光裕，潘银根，陈建设，等，2010. 猪脱细胞真皮基质在人皮肤创伤修复中的临床应用［J］. 华南国防医学杂志，24（2）：123-125.
施标，董世娟，朱于敏，等，2013. 中国猪流行性腹泻病毒分子流行病学研究进展［J］. 中国农业科学 46（20）：4362-4369.
宋宗培，郭蝶，蔡志明，等，2018. 异种器官移植免疫生物学研究进展［J］. 器官移植（3）：236-238.
孙克胜，范宏刚，宋春林，2008. 一例小型猪气喘病的诊治［J］. 现代畜牧兽医（6）：38-39.
孙文清，唐朝克，王宗保，2003. 改良的猪眼眶静脉窦采血法［J］. 实验动物科学与管理，20（1）：46-47.
孙宇，2011. 猪天然抗病毒分子 APOBEC3F 对猪内源性反转录病毒的抑制作用研究［D］. 北京：中国人民解放军军事医学科学院.
唐雨婷，高景波，龙川，等，2017. CRISPR/Cas9 介导的 *β4GalNT2* 基因敲除猪制备［J］. 农业生物技术学报，25（10）：1697-1705.
万芙荣，2008. 外周血淋巴细胞 MHC-I 在急性移植排斥反应中的变化规律［D］. 济南：山东大学.
王爱德，郭亚芬，李柏，等，2001. 巴马小型猪血液生理指标［J］. 上海实验动物科学（2）：75-78.
王飞，冯冲，龙川，等，2013. 利用体细胞 LOH 突变制备 α1，3-半乳糖基转移酶基因（GGTA1）缺失的五指山小型猪［J］. 畜牧兽医学报，44（4）：522-527.
王莉，赵雁飞，张帆，等，2001. 大鼠皮肤移植排异反应中 T 淋巴细胞亚群的观察［J］. 上海免疫学杂志，21（3）：160-163.
王淞，陈智，焦安琪，等，2017. 猪流行性腹泻病毒变异株的分离鉴定及其 S 基因序列分

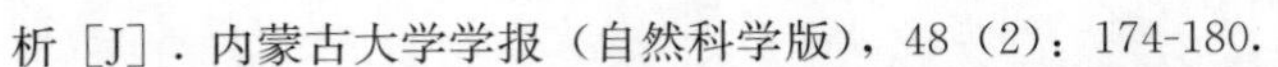

析［J］．内蒙古大学学报（自然科学版），48（2）：174-180.

王希龙，欧江涛，黄礼光，等，2005. 海南五指山猪遗传多样性的微卫星分析［J］．生物多样性，13（1）：26.

王希龙，欧江涛，黄礼光，等，2006. 中国地方种猪近交五指山猪遗传特性［J］．繁殖与发育，52（5）：639-643.

王月英，周继文，穆传杰，等，2003. IRM-2 近交系小鼠肿瘤模型的建立［J］．中国比较医学杂志，13（4）：246-248.

王志亮，吴晓东，王君玮，2915. 非洲猪瘟［M］．北京：中国农业出版社．

闻建华，李建国，田还成，等，2010. SX1 近交系小鼠遗传纯度的初步研究［J］．实验动物科学，27（4）：24-26.

吴健敏，2005. 我国小型猪内源性反转录病毒的检测与五指山毒株全长 cDNA 克隆的构建［D］．南宁：广西大学．

吴健敏，2005. 中国特有小型猪内源性反转录病毒的检测及全基因组克隆［D］．北京：中国人民解放军军事医学科学院．

吴婷，欧山海，程通，等，2005. 戊型肝炎病毒重组颗粒性蛋白疫苗在小鼠体内诱导的免疫应答研究［J］．病毒学报（6）：428-433.

徐颖华，2008. 百日咳鲍特氏菌分子鉴定、基因组多态性与微进化的研究［D］．北京：中国人民解放军军事医学科学院．

阳玉彪，2005. 我国小型猪内源性反转录病毒的检测与五指山毒株全长 cDNA 克隆的构建［D］．南宁：广西大学．

杨述林，靳二辉，单同领，等，2007. 近交系五指山小型猪泌尿系统的解剖学研究［J］．中国畜牧兽医，34（12）：59-62.

杨述林，任红艳，王恒，等，2007. 中国实验用小型猪种群血液生理指标分析［J］．中国畜牧兽医（2）：38-41.

杨维东，施新猷，金伯泉，1994. 异体骨移植近交系小鼠动物模型的建立［J］．中国实验动物学杂志，4（2）：72-75.

杨先富，廖飞，陈引桂，等，2018. 剑河县某 3 个猪场剑白香猪细小病毒病的诊断及流行调查与防控［J］．黑龙江畜牧兽医（24）：101-103.

杨欣艳，胡燕，王传彬，等，2007. 国内不同地区实验用小型猪种群微生物感染状况调查［J］．实验动物科学（1）：21-24.

杨勇贤，马玉媛，章金刚，2008. 小型猪在异种移植中的应用前景［J］．中国实验动物学报，16（5）：368-371.

尹智，袁雪薇，吕嘉伟，等，2016. CRISPR/Cas9 系统介导的一步法胚胎注射获得猪 GGTA1 敲除胚胎［J］．畜牧与兽医，48（4）：15-18.

余树民，徐小明，华进联，等，2006. 小鼠胚胎干细胞建系技术研究进展［J］．动物学杂志，41（1）：128-133.

张桂香，王志刚，孙飞舟，等，2003. 56 个中国地方猪种微卫星基因座的遗传多样性［J］．遗传学报，30（3）：225-233.

张洪，鲍波，2010. 浅谈国内 BALB/c 小鼠及 KM 小鼠的基本生物学特性［J］．中国实用医药，5（3）：252-254.

张磊，孙万邦，2010. Th1/Th2 型细胞因子与移植排斥及免疫耐受［J］. 医学综述，16（4）：501-503.

张念，马玉媛，向思龙，等，2013. 五指山小型猪内源性反转录病毒囊膜基因变异特征研究［J］. 中国预防兽医学报，35（3）：248-250.

张青，周翠冰，戴一凡，等，2017. 神经细胞异种移植的研究进展［J］. 器官移植，8（4）：328-332.

赵伦一，蔡以纯，汪荣康，等，1982. 近交系数公式的改进和应用电子计算机程序建立近交系数表［J］. 安徽农学院学报（1）：17-23.

赵玉琼，杨述林，钱宁，等，2017. 贵州小型猪和广西巴马小型猪部分血液生化指标筛查［J］. 实验动物科学，34（4）：1-3.

郑浩，张建武，袁世山，2009. 猪源乙型脑炎病毒的分离鉴定及其 E 基因分析［J］. 中国兽医科学，39（6）：476-482.

郑龙，连伟光，李建辉，等，2010. 近交系 HFJ 大鼠脂肪肝和胰岛素抵抗动物模型的研究［C］. 第九届中国实验动物科学年会.

郑丕留，1986. 中国猪品种志［M］. 上海：上海科学技术出版社.

中国医学科学院血液学研究所，1984. 615 近交系小鼠与 L615 小鼠的白血病模型［J］. 医学研究杂志（6）：19-20.

中华人民共和国国家质量监督检验检疫总局，2001. 实验动物近交系小鼠大鼠皮肤移植法：GB/T 14927. 2—2001［S］. 北京：中国标准出版社.

中华人民共和国国家质量监督检验检疫总局，2004. 实验动物哺乳类实验动物的遗传质量控制：GB 14923—2001［S］. 北京：中国标准出版社.

周光炎，2006. 异种移植［M］. 上海：上海科技出版社.

周明，邓阳阳，戴一凡，等，2017. 猪肺异种移植的研究进展与发展方向［J］. 器官移植，8（6）：476-479.

周玉侠，2011. 急性移植排斥反应过程中 MHC-I 表达变化的实验研究与临床应用［D］. 济南：山东大学.

朱星红，苏炳银，应大君，2004. 版纳微型猪近交系解剖组织学［M］. 北京：高等教育出版社.

邹仲之，李继承，2008：组织学与胚胎学［M］. 北京：人民卫生出版社.

Allan B S，Terry M A，Price F W，et al，2007. Corneal transplant rejection rate and severity after endothelial keratoplasty［J］. Cornea，26（9）：1039-1042.

Armstrong J A，Porterfield J S，Madrid A T，1971. C-type virus particles in pig kidney cell lines［J］. J Gen Virol，10：195-198.

Atchley W R，Fitch W M，1991. Gene trees and the origins of inbred strains of mice［J］. Science，254（5031）：554-558.

Atchley W R，Fitch W，1993. Genetic affinities of inbred mouse strains of uncertain origin［J］. Mol Biol Evol，10（6）：1150-1169.

Bailey D W，Usana B，1960. A rapid method of grafting skin on tails of mice［J］. Transplantation Ball，7（1）：424-425.

Bairoch A，Apweiler R，2000. The SWISS-PROT protein sequence database and its supplement TrEMBL in 2000 [J]. Nucleic Acids Res, 28: 45-48.

Beck J A, Lloyd S, Hafezparast M, et al, 2000. Genealogies of mouse inbred strains [J]. Nat Genet, 24 (1): 23-25.

Bell A E, Moore C H, Warren D C, 1955. The evaluation of new methods for the improvement of quantitative characteristics [J]. Cold Spring Harb Symp Quant Biol, 20: 197-211.

Bennett A, Mahmoud S, Drury D, et al, 2015. Impact of donor age on corneal endothelium-descemet membrane layer scroll formation [J]. Eye & Contact Lens-science & Clinical Practice, 41 (4): 236-239.

Benson G, 1999. Tandem repeats finder: a program to analyze DNA sequences [J]. Nucleic Acids Res, 27: 573-580.

Berg F, Gustafson U, Andersson L, 2006. The uncoupling protein 1 gene (UCP1) is disrupted in the pig lineage: a genetic explanation for poor thermoregulation in piglets [J]. PLoS Genet, 2: e129.

Billingham R E, Medawar P B, 1951. The technique of free skin grafting in mammals [J]. J Exp Biol, 28 (3): 385-402.

Birbal R S, van Beek E A, Lie J T, et al, 2013. Standardized 'no-touch' donor tissue preparation for DALK and DMEK: harvesting undamaged anterior and posterior transplants from the same donor cornea [J]. Acta Ophthalmologica, 91 (2): 145-150.

Bittmann I, Mihica D, Plesker R, et al, 2012. Expression of porcine endogenous retroviruses (PERV) in different organs of a pig [J]. Virology, 433 (2): 329-336.

Blake J A, Richardson J E, Davisson M T, et al, 1999. The Mouse Genome Database (MGD): genetic and genomic information about the laboratory mouse [J]. Nucl Acids Res, 27 (1): 95-98.

Boneva R S, Folks T M, Chapman L E, 2001. Infectious disease issues in xenotransplantation [J]. Clin Microbiol Rev, 14 (1): 1-14.

Bonhomme F, Guenet J L, Dod B, et al, 1987. The polyphyletic origin of laboratory inbred mice and their rate of evolution [J]. Biol J Linn Soc, 30 (1): 51-58.

Bonhomme F, Guénet J L, 1996. The laboratory mouse and its wild relatives [M] //Lyon M F, Rastan S, Brown S D M, eds. Genetic variants and strains of the laboratory mouse. 3rd ed. New York: Oxford University Press.

Bowman J C, Falconer D S, 1960. Inbreeding depression and heterosis of litter size in mice [J]. Genet Res, 1 (2): 262-274.

ButlerA L, Friend P J, 1997. Novel strategies for liver support in acute liver failure [J]. Br Med Bull, 53 (4): 719-729.

Byrne G W, Du Z, Stalboerger P, et al, 2014. Cloning and expression of porcine β1, 4 N-acetylgalactosaminyl transferase encoding a new xenoreactive antigen [J]. Xenotransplantation, 21 (6): 543-554.

Carlson G A, Goodman P A, Lovett M, et al, 1988. Genetics and polymorphism of the mouse prion gene complex: control of scrapie incubation time [J]. Mol Cell Biol, 8

(12): 5528-5540.

Charlesworth D, Willis J H, et al, 2009. The genetics of inbreeding depression [J]. Nat Rev Microbiol, 10: 783-796.

Chen Y, Stewart J M, Gunthart M, et al, 2014. Xenoantibody response to porcine islet cell transplantation using GTKO, CD55, CD59, and fucosyltransferase multiple transgenic donors [J]. Xenotransplantation, 21 (3): 244-253.

Chiu T, Burd A, 2005. "Xenograft" dressing in the treatment of burns [J]. Clin Dermatol, 23 (4): 419-423.

Choi H J, Kim M K, Lee H J, et al, 2011. Efficacy of pig-to-rhesus lamellar corneal xenotransplantation [J]. Investigative Ophthalmology and Visual Science, 52 (9): 6643-6650.

Choi H J, Lee J J, Kim D H, et al, 2015. Blockade of CD40-CD154 costimulatory pathway promotes long-term survival of full-thickness porcine corneal grafts in Nonhuman primates: clinically applicable xenocorneal transplantation [J]. American Journal of Transplantation, 15 (3): 628-641.

Collins D W, Jukes T H, 1994. Rates of transition and transversion in coding sequences since the human-rodent divergence [J]. Genomics, 20 (3): 386-396.

Cozzi E, White D J, 1995. The generation of transgenic pigs as potential organ donors for humans [J]. Nat Med, 1 (9): 964-966.

Crawley J N, Belknap J K, Collins A, et al, 1997. Behavioral phenotypes of inbred mouse strains: implications and recommendationsfor molecular studies [J]. Psychopharmacology, 132 (2): 107-12.

Cruden D, 1949. The computation of inbreeding coefficients: for closed populations [J]. J Hered, 40 (9): 248-251.

Cui S, Chesson C, Hope R, et al, 1993. Genetic variation within and between strains of outbred Swiss mice [J]. Lab Anim, 27 (2): 116-123.

Dai Y, Vaught T D, Boone J, et al, 2002. Targeted disruption of the alpha1, 3-galactosyltransferase gene in cloned pigs [J]. Nat Biotechnol, 20: 251-255.

De B T, Cristianini N, Demuth J P, et al, 2006 CAFE: a computational tool for the study of gene family evolution [J]. Bioinformatics, 22: 1269-1271.

Deng Y M, Tuch B E, Rawlinson W D, 2000. Transmission of porcine endogenous retroviruses in severe combined immunodeficient mice xenotransplanted with fetal porcine pancreatic cells [J]. Transplantation, 70: 1010-1016.

Denner J, 1998. Immunosuppression by retroviruses: implications for xenotransplantation [J]. Ann N Y Acad Sci, 862: 75-86.

Denner J, 2008. Is porcine endogenous retrovirus (PERV) transmission still relevant [J]? Transplant Proc, 50 (2): 587-589.

Denner J, Mueller N J, 2015. Preventing transfer of infectious agents [J]. Int J Surg, 23: 306-311.

Denner J, Schuurman H J, Patience C, 2009. The international xenotransplantation association consensus statement on conditions for undertaking clinical trials of porcine islet products in type 1 diabetes-Chapter 5: Strategies to prevent transmission of porcine endogenous retroviruses [J] . Xenotransplantation, 16: 239-248.

Denner J, Schuurman H J, Patience C, et al, 2009. The international xenotransplantation association consensus statement on conditions for undertaking clinical trials of porcine islet products in type 1 diabetes-Chapter 5: strategies to prevent transmission of porcine endogenous retroviruses [M] . Xenotransplantation, 16: 239-248.

Dermer J, 2015. Recombinant porcine endogenous retroviruses (PERV-A/C): a new risk for xenotransplantation [J] . Arch Virol, 153 (8): 1421-1426.

Dieckhoff B, Petersen B, Kues W A, et al, 2008. Knockdown of porcineendogenous retrovirus (PERV) expression by PERV-specific shRNA in transgenic pigs [J]. Xenotransplantation, 15: 36-45.

Dong X, Tsung H, Mu Y L, et al, 2014. Generation of chimeric piglets by injection of embryonic germ cells from inbred Wuzhishan miniature pigs into blastocysts [J]. Xenotransplantation (2): 140-148.

Ekser B, Ezzelarab M, Hara H, et al, 2012. Clinical xenotransplantation: the next medical revolution [J] . Lancet, 379 (9816): 672-683.

Elliott R B, Escobar L, Garkavenko O, et al, 2000. No evidence of infection with porcine endogenous retrovirus in recipients of encapsulated porcine islet xenografts [J] . Cell Transplant, 9 (6): 895-901.

Estrada J L, Martens G, Li P, et al, 2015. Evaluation of human and non-human primate antibody binding to pig cells lacking GGTA1/CMAH/β4GalNT2 genes [J]. Xenotransplantation, 22 (3): 194-202.

Fang X D, Mou Y L, Huang Z Y, et al, 2012. The sequence and analysis of a Chinese pig genome [J] . Giga Sci, 1 (1): 16.

Feng S T, Zhang X L, Wang T P, 2017. The progress on cultivation and identification of the Frist 14, Wuzhishan Inbred mini-pig in China [J] . Agricutural Research and Technology, 12 (4): 2472-6774.

Ferry N, Pichard V, Sébastien B D A, et al, 2011. Retroviral vector-mediated gene therapy for metabolic diseases: an update [J] . J Biol Chem, 17 (34): 2516-2527.

Ferry N, Pichard V, Sébastien Bony D A, et al, 2011. Retroviral vector-mediated gene therapy for metabolic diseases: an update [J] . J Biol Chem, 17 (34): 2516-2527.

Festing M F W, Fisher E M C, 2000. Mighty mice [J] . Nat, 404 (6780): 815.

Fitch W M, Atchley W R, 1985. Evolution in inbred strains of mice appears rapid [J]. Sci, 228 (4704): 1169-1175.

Floegel-Niesmann G, Bunzenthal C, Fischer S, et al, 2010. Virulence of recent and former classical swine fever virus isolates evaluated by their clinical and pathological signs [J] . J Vet Med B Infect Dis Vet Public Health, 50 (5): 214-220.

Fonda M L, 1992. Purification and characterization of vitamin B_6-phosphate phosphatase from human erythrocytes [J] . J Biol Chem, 267: 15978-15983.

Frazer K A, Eskin E, Kang H M, et al, 2007. A sequence-based variation map of 8.27 million SNPs in inbred mouse strains [J]. Nat, 448 (7157): 1050-1053.

Gillon S, Hurlow A, Rayment C, et al, 2011. Obstacles to corneal donation amongst hospice inpatients: a questionnaire survey of multi-disciplinary team member' s attitudes, knowledge, practice and experience [J]. Palliat Med, 26 (7): 939-946.

Goff S P, 2004. HIV: replication reimmed back [J]. Nature, 427 (6977): 791-793.

Goff S P, 2004. Retrovirus restriction factors [J]. Mol Cell, 16 (6): 849-859.

Green E L, 1966. The biology of the laboratory mouse [M]. 2nd ed. New York: Dover Publications, Inc.

Hara H, Cooper D C, 2011. Xenotransplantation- the future of corneal transplantation? [J]. Cornea, 30 (4): 371-378.

Harrison I, Takeuchi Y, Bartosch B, et al, 2004. Determinants of high titer in recombinant porcine endogenous retroviruses [J]. J Virol, 78 (24): 13871-13879.

Heneine W, Tibell A, Switzer W M, et al, 1998. No evidence of infecton with procine endogenous retrovirus in recipients of porcine islet-cell xenografts [J]. Lanc, 352 (9129): 695-699.

Heo Y T, Quan X, Xu Y N, et al, 2015. CRISPR/Cas9 nuclease-mediated gene knock-in in bovine-induced pluripotent cells [J]. Stem Cells Dev, 24 (3): 393-402.

Herring C, Quinn G, Bower R, et al, 2001. Mapping full-length porcine endogenous retroviruses in a large white pig [J]. J Virol, 75 (24): 12252-12265.

Higashiguchi T, Serikawa T, Kuramoto T, et al, 1990. Identification of inbred strains of rats by DNA fingerprinting using enhanced chemiluminescence [J]. Transplant Proc, 22 (6): 2564-2565.

Horner B M, Randolph M A, Duran-Struuck R, et al, 2009. Induction of tolerance to an allogeneic skin flap transplant in a preclinical large animal model [J]. Transplantation Proceedings, 41 (2): 539-541.

Hos D, Tuac O, Schaub F, et al, 2017. Incidence and clinical course of immune reactions after descemet membrane endothelial keratoplasty: retrospective analysis of 1000 consecutive eyes· [J]. Ophthalmology, 124 (4): 512-518.

Hsu P D, Lander E S, Zhang F, 2014. Development and applications of CRISPR-Cas9 for genome Engineering [J]. Cell, 157 (6): 1262-1278.

Hutton J J, Roderick · T H, 1070. Linkage analyses using biochemical variants in mice. III. Linkage relationships of eleven biochemical markers [J]. Biochem Genet, 4 (2): 339-350.

Iwatani Y, Takeuchi H, Strebel K, et al, 2006. Biochemical activities of highly purified, catalytically active human APOBEC3G: correlation with antiviral effect [J]. J Virol, 80: 5992-6002.

Jacob H J, Brown D M, Bunker R K, et al, 1995. A genetic linkage map of the laboratory rat, *Rattus norvegicus* [J]. Nat Genet, 9 (1): 63-69.

Jeffreys A J, Wilson V, Thein S L, 1985. Individual-specific 'fingerprints' of human DNA

[J]. Nat, 316 (6023): 76-79.

Kanehisa M, Goto S, 2000. KEGG: kyoto encyclopedia of genes and genomes [J]. Nucleic Acids Res, 28 : 27-30.

Kent W J, 2002. BLAT--the BLAST-like alignment tool [J]. Gen Res, 12 : 656-664.

Kim E B, 2011. Genome sequencing reveals insights into physiology and longevity of the naked mole rat [J]. Nat, 479: 223-227.

Kim J S, Lee H J, Carroll D, 2010. Genome editing with modularly assembled zinc-finger nucleases [J]. Nat Methods, 7 (2): 91.

Klein J, 1975. Biology of the mouse histocompatibility-2 complex: principles of immunogenetics applied to a single system [M]. Berlin Heidelberg: Springer-Verlag.

Krog H H, 1976. Identification of inbred strains of mice, *Mus musculus*. I. Genetic control of inbred strains of mice using starch gel electrophoresis [J]. Biochem Genet, 14 (3/4): 319-326.

Kruse F E, Schrehardt U S, Tourtas T, 2014. Optimizing outcomes with descemet's membrane endothelial keratoplasty [J]. Current Opinion in Ophthalmology, 25 (4): 325-334.

Kuddus R H, Gandhi C R, Rehman K K, et a1, 2003. Some morphological, growth, and genomic properties of human cells chronically infected with porcine endogenous retrovirus (PERV) [J]. Genome, 46 (5): 858-869.

Lai L, Kolber-Simonds D, Park K W, et al, 2002. Production of alpha-1, 3-galactosyltransferase knockout pigs by nuclear transfer cloning [J]. Sci, 295: 1089-1092.

Le Tissier P, Stoye J P, Takeuchi Y, et al, 1997. Two sets of human-tropic pig retrovirus [J]. Nat, 389 (6652): 681-682.

Le Tissier P, Stoye J P, Takeuchi Y, et al, 1997. Two sets of human-tropic pig retroviruses [J]. Nat, 89: 681-682.

Li A, Zhang Y, Liu Y, et al, 2017. Corneal xenotransplantation from pig to rhesus monkey: no signs of transmission of endogenous porcine retroviruses [J]. Transplant Proc, 49 (9): 2209-2214.

Lie J T, Bierbal R, Ham L, et al, 2008. Donor tissue preparation for descemet membrane endothelial keratoplasty [J]. Cornea, 34 (9): 1578-1583.

Lunney J K, 2007. Advances in swine biomedical model genomics [J]. Int J Biol Sci, 3: 179-184.

Lv M M, Xu S, Wu J M, et al, 2013. Identification of full-length proviral DNA of porcine endogenous retrovirus from Chinese Wuzhishan miniature pigs inbred [J]. CompImmunol Microbiol Infect Dis, 33 (4): 323-331.

Ma Y Y, Lü M M, Xu S, et al, 2010. Identification of full-length proviral DNA of porcine endogenous retrovirus from Chinese Wuzhishan miniature pigs inbred [J]. Comparat Immunol Microbiol Infect Dis, 33: 323-331.

Ma Y, Yang Y, Lü M, et al, 2010. Real-time quantitative polymerase chain reaction with SYBR green I detection for estimating copy numbers of porcine endogenous retrovirus from

Chinese miniature pigs [J] . Trans Proc, 42 (5): 1949-1952.

Magre S, Takeuchi Y, Bartosch B, 2003. Xenotransplantation and pig endogenous retroviruses [J] . Reviews in Medic Virol, 13 (5): 311-329.

Meije Y, Tonjes R R, Fishman J A, 2010. Retroviral restriction factors and infectious risk in xenotransplantation [J] . American Journal of Transplantation, 10 (7): 1511-1516.

Meng X J, Purcell R H, Halbur P G, et al, 1997. A novel virus in swine is closely related to the human hepatitis E virus [J] . PNAAS of Sciences of the United States of America, 94 (18): 9860-9865.

Mezrich J D, Haller G W, Arn J S, et al, 2003. Histocompatible miniature swine: an inbred large-animal model [J] . Transplantation, 75 (6): 904-907.

Moalic Y, Blanchard Y, Félix H, et al, 2006. Porcine endogenous retrovirus integration sites in the human genome: features in common with those of murine leukemia virus [J]. J Virol, 80 (22): 10980-10988.

Monnereau C, Quilendrino R, Dapena I, et al, 2014. Multicenter study of descemet membrane endothelial keratoplasty: first case series of 18 surgeons [J] . Jama Ophthalmology, 132 (10): 1192-1198.

Morse H C, 1978. Origins of inbred mice [M] . New York: Academic Press.

Moy S S, Nadler J J, Young N B, et al, 2007. Mouse behaveioral tasks relevant to autism: phenotypes of 10 inbred strains [J] . Behav Brain Res, 176 (1): 4-20.

Mu Y L, Liu L, Feng S T, et al, 2015. Identification of the first miniature pig inbred line by skin allograft [J] . J Integr Agric, 14 (7): 1376-1382.

Mulder N, Apweiler R, 2007. InterPro and InterProScan: tools for protein sequence classification and comparison [J] . Methods Mol Biol, 396 : 59-70.

Niebert M, Rogel-Gaillard C, Chardon P, et al, 2002. Characterization of chromosomally assigned replication-competent gamma porcine endogenous retroviruses derived from a large white pig and expression in human cells [J] . J Virol, 76 (6): 2714-2720.

Niu D, Wei H J, Lin L, et al, 2017. Inactivation of porcine endogenous retrovirus in pigs using CRISPR-Cas9 [J] . Sci, 357 (6357): 1303-1307.

Noonan W T, Banks R O, 2000. Renal function and glucose transport in male and female mice with diet-induced type II diabetes mellitus [J] . Proc Soc Exp Biol Med, 225 (3): 221-230.

Patience C, Takeuchi Y, Weiss R A, 1997. Infection of human cells by an endogenous retrovirus of pigs [J] . Nat Med, 3 (3): 282-286.

Peirce J L, Derr R, Shendure J, et al, 1998. A major influence of sex-specific loci on alcohol preference in C57Bl/6 and DBA/2 inbred mice [J] . Mamm Genome, 9 (12): 942-948.

Peraza-Nieves J, Baydoun L, Dapena I, et al, 2017. Two-year clinical outcome of 500 consecutive cases undergoing descemet membrane endothelial keratoplasty [J] . Cornea, 36 (6): 655-660.

Petras M L, Reimer J D, Biddle F G, et al, 1969. Studies of natural populations of Mus. V. A survey of nine loci for polymorphisms [J] . Can J Genet Cytol, 11 (3):

497-513.

Phelps C J, Koike C, Vaught T D, et al, 2003. Production of alpha 1, 3-galactosyltransferase-deficient pigs [J]. Science, 299 (5605): 411-414.

Pierson R N, Dorling A, Ayares D, et al, 2009. Current status of xenotransplantation and prospects for clinical application [J]. Xenotransplantation, 16 (5): 263-280.

Price Jr F W, Price M O, 2013. Evolution of endothelial keratoplasty [J]. Cornea, 32 (11): 28-32.

Rennings A J, Stalenhoef A F, 2008. JTT-705: is there still future for a CETP inhibitor after torcetrapib? [J]. Expert Opin Investig Drugs, 17: 1589-1597.

Royo T, Alfon J, Berrozpe M, et al, 2000. Effect of gemfibrozil on peripheral atherosclerosis and platelet activation in a pig model of hyperlipidemia [J]. Eur J Clin Invest, 30: 843-852.

Russell E S, 1985. A history of mouse genetics [J]. Ann Rev Genet, 19 (1): 1-28.

Ruzza A, Parekh M, Salvalaio G, et al, 2015. Bubble technique for Descemet membrane endothelial keratoplasty tissue preparation in an eye bank: air or liquid [J]? Acta Ophthalmologica, 93 (2): 129-134.

Sachs D H, 1994. The pig as a potential xenograft donor [J]. Vet Immunol Immunopathol, 43 (1/2/3): 185-191.

Salvalaio G, Parekh M, Ruzza A, et al, 2014. DMEK lenticule preparation from donor corneas using a novel 'SubHyS' technique followed by anterior corneal dissection [J]. British Journal of Ophthalmology, 98 (8): 1120-1125.

Sandrin M S, Vaughan H A, Dabkowski P L, et al, 1993. Anti-pig IgM antibodies in human serum react predominantly with Gal (alpha 1-3) Gal epitopes [J]. Proc Natl Acad Sci USA, 90 (23): 11391-11395.

Schlötzer-Schrehardt U, Bachmann B O, Tourtas T, et al, 2013. Reproducibility of graft preparations in Descemet's membrane endothelial keratoplasty [J]. Ophthalmology, 120 (9): 1769-1777.

Sepsakos L, Shah K, Lindquist T P, et al, 2016. Rate of rejection after descemet stripping automated endothelial keratoplasty in fuchs dystrophy: three-year follow-up [J]. Cornea, 35 (12): 1537-1541.

Shimamura M, Abe H, Nikaido M, et al, 1999. Genealogy of families of SINEs in cetaceans and artiodactyls: the presence of a huge superfamily of tRNA (Glu) -derived families of SINEs [J]. Mol Biol Evol, 16: 1046-1060.

Silver L M, 1995. Mouse genetics [M]. Oxford: Oxford University Press.

Simpson E M, Linder C C, Sargent E E, et al, 1997. Genetic variation among 129 substrains and its importance for targeted mutagenesis in mice [J]. Nat Genet, 16 (1): 19-27.

Smithies O, 1955. Zone electrophoresis in starch gels: Group variations in the serum proteins of normal human adults [J]. Biochem J, 61 (4): 629-641.

Sofi F, Cesari F, Fedi S, et al, 2004. 'light and shade' of a new thrombotic factor [J].

Clin Lab，50：647-652.

Speijer H，Groener J E，van Ramshorst E，et al，1991. Different locations of cholesteryl ester transfer protein and phospholipid transfer protein activities in plasma [J]. Atherosclerosis，90：159-168.

Suh L H，Yoo S H，Deobhakta A，et al，2008. Complications of Descemet's stripping with automated endothelial keratoplasty：survey of 118 eyes at one institute [J]. Ophthalmology，115 (9)：1517-1524.

Takahashi H，Awata T，Yasue H，1992. Characterization of swine short interspersed repetitive sequences [J]. Anim Genet，23：443-448.

Takeda T，Hosokawa M，Higuchi K，et al，1997. Senescence-accelerated mouse (SAM)：a novel murine model of senescence [J]. Exp Gerontol，32 (1/2)：105- 109.

Taketo M，Schroeder A C，Mobraaten L E，et al，1991. FVB/N：an inbred mouse strain preferablefor transgenic analyses [J]. Proc Natl Acad Sci USA，88 (6)：2065-2069.

Tall A R，2007. CETP inhibitors to increase HDL cholesterol levels [J]. N Engl J Med，356：1364-1366.

Taniguchi S，Cooper D K，1997. Clinical xenotransplantation：past，present and future [J]. Ann R Coll Surg Engl，79 (1)：13-19.

Taylor B A，1972. Genetic relationships between inbred strains of mice [J]. J Hered，63 (2)：83-86.

Tenkman L R，Price F W，Price M O，2014. Descemet membrane endothelial keratoplasty donor preparation：navigating challenges and improving efficiency [J]. Cornea，33 (3)：319-325.

Thomsen P D，Miller J R，1996. Pig genome analysis：differential distribution of SINE and LINE sequences is less pronounced than in the human and mouse genomes [J]. Mamm Genome，7：42-46.

Wang X，Dolan P T，Dang Y，et al，2007. Biochemical differentiation of APOBEC3F and APOBEC3G proteins associated with HIV-1 life cycle [J]. J Biol Chem，282 (3)：1585-1594.

Watanabe M，Umeyama K，Matsunari H，et al，2010. Knockout ofexogenous EGFP gene inporcine somatic cells using zinc-finger nucleases [J]. Biochem Biophys Res Commun，402：14-18.

Wei H J，Qing Y B，Pan W R，et al，2013. Comparison of the efficiency of Banna miniature inbred pig somatic cell nuclear transfer among different donor cells [J]. PLoS ONE，8 (2)：e57728.

Weiss M J，Ng C Y，Madsen J C，2006. Tolerance，xenotrans plantation：future therapies [J]. Surg Clin North Am，86 (5)：1277-1296.

White F C，Bloor C M，1992. Coronary vascular remodeling and coronary resistance during chronic ischemia [J]. Am J Cardiovasc Pathol，4：193-202.

White F C，Carroll S M，Magnet A，et al，1992. Coronary collateral development in swine after coronary artery occlusion [J]. Circ Res，71：1490-1500.

Wilczynska M, Lobov S, Ohlsson P I, et al, 2003. A redox-sensitive loop regulates plasminogen activator inhibitor type 2 (PAI-2) polymerization [J]. EMBO J, 22: 1753-1761.

Wilson C, Wong S, Vanbrocklin M, et al, 2002. Extended analysis of the in vitro tropism of porcine endogenous retrovirus [J]. J Virol, 74 (1): 49-56.

Wolf D, Goff S P, 2008. Host restriction factors blocking retroviral replication [J]. Annual review of genetics, 42: 143.

Wright S, 1922. Coefficients of inbreeding and relationship [J]. Am Nat, 56 (645): 330-338.

Wright S, 1960. The genetics of vital characters of the guinea pig [J]. J Cell Comp Physiol, 56 (1): 123-151.

Wu E I, Ritterband D C, Yu G, et al, 2012. Graft rejection following descemet stripping automated endothelial keratoplasty: features, risk factors, and outcomes [J]. American journal of ophthalmology, 153 (5): 949-957.

Wu J M, Ma Y Y, Lv M M, et al, 2008. Large-scale survey of porcine endogenous retrovirus in Chinese miniature pigs [J]. Comp Immunol Microbiol Infect Dis, 31 (4): 367-371. Wang X L, Ou J T, Huang L G, et al, 2006. Genetic characteristics of inbred Wuzhishan miniature pigs, a native Chinese breed [J]. J Reprod Dev, 52 (5): 639-643.

Wu J, Ma Y, Lv M, et al, 2008. Large-scale survey of porcine endogenous retrovirus in Chinese miniature pigs [J]. Comp Immunol Microbiol Infect Dis, 31 (4): 367-371.

Wynyard S, Garkavenko O, Elliot R, 2011: Multiplex high resolution melting assay for estimation of porcine endogenous retrovirus (PERV) relative gene dosage in pigs and detection of PERV infection in xenograft recipients [J]. J Virol Methods, 175: 95-100.

Yamada K, Santo-Yamada Y, Wada K, 2002. Restraint stress impaired maternal behavior in female mice lacking the neuromedin B receptor (NMB-R) gene [J]. Neurosci Lett, 330: 163-166.

Yang L, Güell M, Niu D, et al, 2015. Genome-wide inactivation of porcine endogenous retroviruses (PERVs) [J]. Science, 350: 1101-1104.

Yang Z, 1997. PAML: a program package for phylogenetic analysis by maximum likelihood [J]. Comput Appl Biosci, 13 : 555-556.

Yang Z, 2007. PAML 4: phylogenetic analysis by maximum likelihood [J]. Mol Biol Evol, 24: 1586-1591.

Yang Z, Nielsen R, 2002. Codon-substitution models for detecting molecular adaptation at individual sites along specific lineages [J]. Mol Biol Evol, 19: 908-917.

Yao S K, Zhang Q, Sun F Z, et al, 2006 Genetic diversity of seven miniature pig breeds (strains) analyzed by using microsatellite markers [J]. Yi Chuan, 28: 407-412.

Yasue H, Wada Y, 1996. A swine SINE (PRE-1 sequence) distribution in swinerelated animal species and its phylogenetic analysis in swine genome [J]. Anim Genet, 27: 95-98.

Yazawa H, Umezawa H, Kuramasu S, et al, 1986. Establishment of inbred rabbit strains

[J] . Jikken Dobutsu，1986，35 (2)：203- 206.
Zhang J，Nielsen R，Yang Z，2005. Evaluation of an improved branch-site likelihood method for detecting positive selection at the molecular level [J] . Mol Biol Evol，22 ：2472-2479.
Zhao H，Li Q Z，Li J，et al，2006. The study of neighboring nucleotide composition and transition/transversion bias [J] . Chin Sci，49 (4)：395-402.

彩图1　近交系五指山猪成年母猪

彩图2　近交系五指山猪成年公猪

彩图3　近交系五指山猪哺乳母猪与30日龄未断奶仔猪

彩图4　近交系五指山猪35日龄未断奶仔猪

彩图5　近交系五指山猪F_{25} 6月龄青年母猪

彩图6　2013年12月农业部组织召开第三次果鉴定会

中关村
Z-Park
ZHONGGUANCUN SCIENCE PARK

中关村高新技术企业

企业名称：北京盖兰德生物科技有限公司
编　　号：20152072147802
发证时间：2015年12月10日
有 效 期：三年

中关村科技园区管理委员会

科学技术成果评价证书

中科评字【2020】第4104号

成果名称：五指山小型猪近交系及内源性反转录病毒（PERV）无传染性新品种培育与研发
完成单位：北京盖兰德生物科技有限公司
中国人民解放军军事科学院军事医学研究院
中国农业科学院北京畜牧兽医研究所
首都医科大学附属北京同仁医院
南京医科大学
主要完成人：[illegible]
成果水平：国际领先
发证日期：2020年06月03日
评价机构：中科合创（北京）科技成果评价中心
（盖章）
鉴发人：

彩图7　2020年6月4日第四次成果鉴定证书

彩图8　2017年北京盖兰德生物科技公司组织召开应用研讨会

彩图9　中国人民解放军总医院第一附属医院近交系五指山猪异体皮肤移植鉴定研究团队

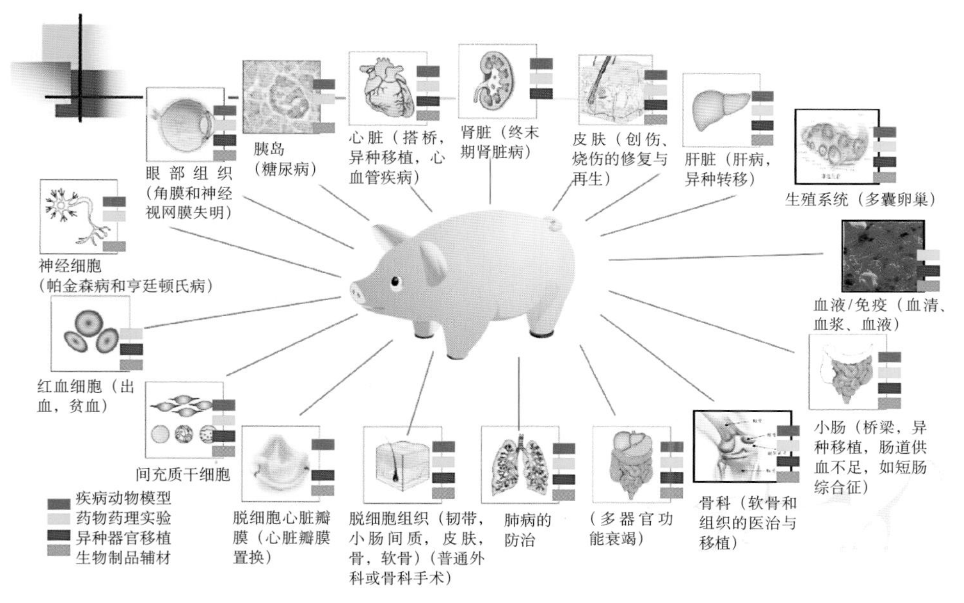

彩图10　近交系PERV无传性新品种应用示意图

	GGTA1		*β4GalNT2*	
	GAGAAAATAATGAATGTCAAAGGAAGAGTGGTTCT	(WT)	GGTCTGGGTAGTACTCACGAACACTCCGGAG	(WT)
4#	GAGAAAATAATGAATGT*t*CAAAGGAAGAGTGGTTCT	+1	GGTCTGGGTAGTACTCACGAACA*a*CTCCGGAG	+1
	----//-------ATGT-AAAGGAAGAGTGGTTCT	-14	GGTCTGGGTAGTACTCACGAAC--TCCGGAG	-2
			GGTCTGGGTAGTACTCACGAACAC--CGGAG	-2
13#	GAGAAAATAATGAATGT*t*CAAAGGAAGAGTGGTTCT	+1	GGTCTGGGTAGTACTCACG----CTCCGGAG	-4
			GGTCTGGGTAGTACTCACGAAC-CTCCGGAG	-1
18#	GAGAAAATAATGA---TCAAAGGAAGAGTGGTTCT	-3	GGTCTGGGTAGTACTCACGAACA*a*CTCCGGAG	+1
20#	-----------------CAAAGGAAGAGTGGTTCT	-17	GGTCTGGGTAGTACTCACGAACA*a*CTCCGGAG	+1
			GGTCTGGGTAGTACTCACGAACA*g*CTCCGGAG	+1
			GGTCTGGGTAGTACTCACGAAC*g*ACTCCGGAG	+1
			GGTCTGGGTAGTACTCACGAAC-CTCCGGAG	-1
			GGTCTGGGTAGTACTCACGAACA*gagta*CTCC	+5
37#	------//-----ATGT-AAAGGAAGAGTGGTTCT	-33	GGTCTGGGTAGTACTC----------CGGAG	-10
	GAGAAAATAATGAAT------//------------	-26	GGTCTGGGTAGTACTCACGAACA*c*CTCCGGAG	+1
	GAGAAAATAATGAATGT*t*CAAAGGAAGAGTGGTTCT	+1		
	GAGAAAATA------------------GTG--//-	-26		
40#	GAGAAAATAATGAATGT*t*CAAAGGAAGAGTGGTTCT	+1	GGTCTGGGTAGTACTCACGAACA*c*CTCCGGAG	+1
			GGTCTGGGTAGTACTCACGAAC-CTCCGGAG	-1
43#	GAGAAAATAATGAATGT*t*CAAAGGAAGAGTGGTTCT	+1	GGTCTGGGTAGTACTCACGAAC----CGGAG	-4
			GGTCTGGGTAGTACTC----------CGGAG	-10
			GGTCTGGGTAGTACTCACGA---CTCCGGAG	-3
45#	GAGAAAATAATGAATGT*t*CAAAGGAAGAGTGGTTCT	+1	GGTCTG*ttcagt*-----------------CTC	+6/-17
56#	GAGAAAATAATGAATGT*t*CAAAGGAAGAGTGGTTCT	+1	GGTCTGGGTAGTACTCACGAAC--TCCGGAG	-2

彩图11　GGTA1–/– β 4GalNT2近交系五指山猪单细胞克隆基因型

注：蓝色标记为PAM序列；红色标记为插入碱基；+：增加碱基；-：删除碱基。

```
                         GGTA1                                                  β4GalNT2
      GAGAAAATAATGAATGTCAAAGGAAGAGTGGTTCT  (WT)   GGTCTGGGTAGTACTCACGAACACTCCGGAG  (WT)
  1#  GAGAAAATAATGAATGTtCAAAGGAAGAGTGGTTCT  +1    GGTCTGttcagt-----------------CTC +6/-17
  2#  GAGAAAATAATGAATGTtCAAAGGAAGAGTGGTTCT  +1    GGTCTGttcagt-----------------CTC +6/-17
                                                  GGTCTGGGTAGTACTC----------CGGAG  -10
                                                  GGTCTGGGTAGTACTCACGAACAACTCCGGAG +1
  3#  GAGAAAATAATGAATGTtCAAAGGAAGAGTGGTTCT  +1    GGTCTGGGTAGTACTC----------CGGAG  -10
                                                  GGTCTGttcagt-----------------CTC +6/-17
                                                  GGTCTGGGTAGTACTCACGAACA----CGGAG -4
                                                  GGTCTGGGTAGTACTCAC---------------  -143
  4#  GAGAAAATAATGAATGTtCAAAGGAAGAGTGGTTCT  +1    GGTCTGGGTAGTACTCACGAAC-CTCCGGAG  -1
                                                  GGTCTGGGTAGTACTCACG----CTCCGGAG  -4
205#  GAGAAAATAATGAATGTtCAAAGGAAGAGTGGTTCT  +1    GGTCTGttcagt-----------------CTC +6/-17
207#  GAGAAAATAATGAATGTtCAAAGGAAGAGTGGTTCT  +1    GGTCTGGGTAGTACTC----------CGGAG  -10
                                                  GGTCTGGGTAGTACTCACGAACA----CGGAG -4
                                                  GGTCTGGGTAGTACTC---------------  -143
209#  GAGAAAATAATGAATGTtCAAAGGAAGAGTGGTTCT  +1    GGTCTGGGTAGTACTCACGAAC--TCCGGAG  -2
211#  GAGAAAATAATGAATGTtCAAAGGAAGAGTGGTTCT  +1    GGTCTGGGTAGTACTCACGAAC--TCCGGAG  -2
                                                  GGTCTGGGTAGTACTC----------CGGAG  -10
                                                  GGTCTGGGTAGTACTCACGAACt-----GGAG +1/-5
213#  GAGAAAATAATGAATGTtCAAAGGAAGAGTGGTTCT  +1    GGTCTGGGTAGTACTC----------CGGAG  -10
219#  GAGAAAATAATGAATGTtCAAAGGAAGAGTGGTTCT  +1    GGTCTGGGTAGTACTC----------CGGAG  -10
                                                  GGTCTGGGTAGTACTCACGAAC-CTCCGGAG  -1
```

彩图12　近交系五指山猪克隆猪基因型鉴定结果

注：蓝色标记为PAM序列；红色标记为插入碱基；+：增加碱基；-：删除碱基。

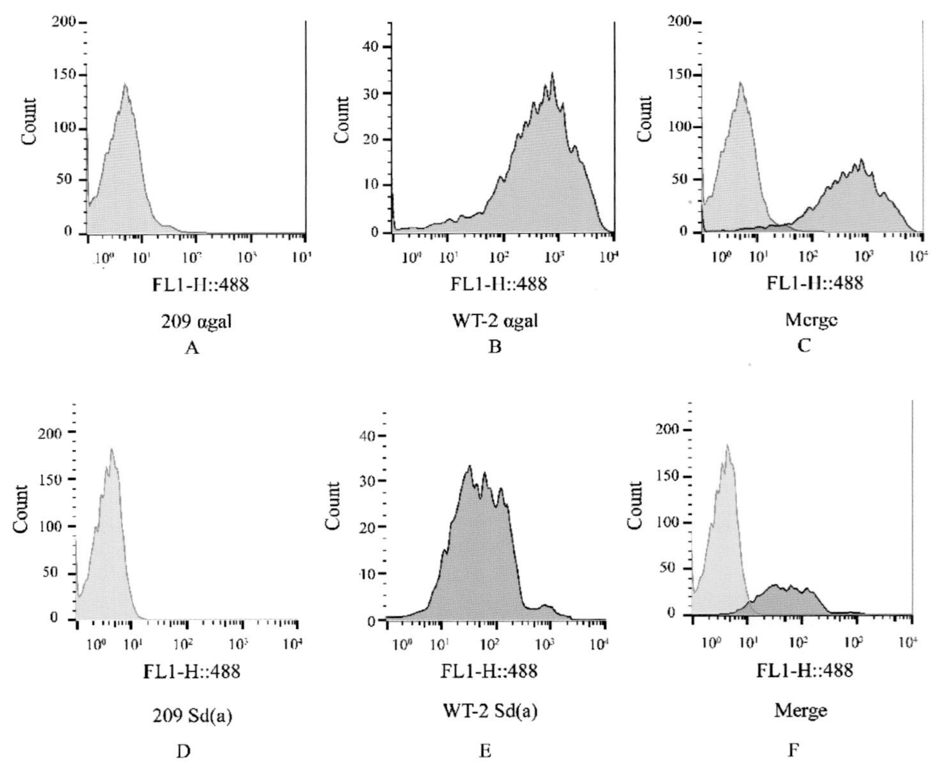

彩图13　野生型与GGTA1-/- β 4GalNT2近交系五指山小型猪的PBMC中GGTA1、β 4GalNT2抗原阳性细胞数量

注：A图红色部分为209号仔猪中αGal阴性的PBMC数量；B图为野生型2号猪中αGal阳性的PBMC数量；C图为A、B图的对比图；D图为209号仔猪中Sd(a)阴性的PBMC数量；E图为野生型2号猪Sd(a)阳性的PBMC数量；F图为D、E图的对比图。